林煜幃・攝影

許邦妮・攝影

林煜幃・攝影

林煜幃・攝影

許邦妮・攝影／料理示範

栗子飯｜十月

出汁蛋卷 | 十月

許邦妮・攝影／料理示範

茶泡飯｜十一月

許邦妮・攝影／料理示範

許邦妮・攝影／京都取材

鯡魚蕎麥麵｜十一月

七草粥｜一月

許邦妮・攝影／料理示範

秋冬廚房歲時記

京都家滋味

秋山十三子
大村重子
平山千鶴——著

おばんざい
秋と冬

推薦序：逝去的季節感◎比才 …… 25

九月

昆布鯡魚（にしんこぶ） …… 30
葉胡椒（きごしょう） …… 33
梭子魚（かます） …… 36
毛豆（枝豆） …… 39
海老芋煮棒鱈魚（いもぼう） …… 42
月見糰子（お月見だんご） …… 45
飛龍頭（ひろうす） …… 48
納豆（なっと） …… 51
秋刀魚（さいら） …… 54

十月

栗子飯（くりごはん）……58
生餡（きずし）……61
松茸飯（まったけごはん）……64
烤松茸（焼きまったけ）……67
蔥與含片（ねぎとはんぺい）……70
出汁蛋卷（だしまき）……73
夫婦炊（めおと炊き）……76
湯葉（おゆば）……79
壽喜燒（すきやき）……82

十一月

上用饅頭（上用のおまん）…… 86
茶泡飯（お茶づけ）…… 89
青菜與豆皮的煮物（お菜とお揚げ）…… 92
馬頭魚與豆腐（ぐじとおとうふ）…… 95
鯡魚蕎麥麵（にしんそば）…… 98
千枚漬（千枚漬）…… 101
青蔥與地瓜（おねぎとおいも）…… 104
莖蘿蔔（くき大根）…… 107
柚子米香（ゆうのおこし）…… 110
糜粥（おじや）…… 113

十二月

蒸壽司（むしずし）……116
關東煮（関東煮）……119
鰈魚（かれ）……122
蒟蒻（おこんにゃ）……125
白蘿蔔（おだい）……128
堀川牛蒡與金時胡蘿蔔（堀川ごんぼと金時にんじん）……131
鯛魚煮蕪菁（たいかぶら）……134
湯豆腐（ゆどうふ）……137
南瓜（おかぼ）……140
晦日蕎麥麵（みそかそば）……143

一月

年糕湯（おぞうに）……148
三種（三種）……151
鹽烤鯛魚（にらみだい）……154
蛤蜊（はまぐり）……157
水菜雜煮（水菜のおぞうに）……160
七草粥（七種がゆ）……163
笄餅（こうがいもち）……166
綁著紅白彩繩的鯛魚（糸かけのたい）……169
紅豆粥（あずきがゆ）……172
鰤魚骨（ぶりの骨）……175

二月

柚庵漬（ゆうあんづけ）…… 178
栂尾煮（栂尾炊き）…… 181
南蠻雜煮（なんばもち）…… 184
醃蘿蔔煮物（ひねこうこ）…… 187
乾蘿蔔絲（千切り）…… 190
魚汁凍（にこごり）…… 193
鹽漬沙丁魚（塩いわし）…… 196
黃芥末拌畑菜（畑菜のからしあえ）…… 199
地瓜粥（おいものおかい）…… 202
鯋魚煮豆（いさだ豆）…… 205

蕪菁蒸什菜（かぶらむし）……208
花供御（はなくそもち）……211
鱈魚清湯（たらのおし）……214
酸莖（すぐき）……217
白豆（しろまめ）……220
寒鰤（寒ぶな）……223
鯨魚皮與壬生菜（いりがらと壬生菜）……226
粕汁（かすじる）……229

解說：折衷交纏之「心」◎石井慎二……232

◎本書所收錄之照片為台灣版獨創照片，非原書照片。

逝去的季節感

◎比才（《家・酒場》作者）

> 在特定的日子裡，吃特定的菜色，如果沒有吃到就不舒服的習性，或許會被形容爲守舊拘束，但是就算是聽到這樣的批評，京都女人反而會答：「不會的～這樣一來，那天就不用煩惱要吃什麼了，十分好呀！」對我們來說有固定菜色的日子，讓人輕鬆愉快。（摘自〈海老芋煮棒鱈魚〉，頁四十二）

近年來拜農業技術進步與全球化之賜，不少原本只能在特定季節吃到的蔬菜水果，幾乎一年四季都能吃到了，或至少產季大幅度延長。這對日日打理餐桌的我而言，當然算是好事，因為食材的限制愈來愈少，運用的自由度愈來愈大。但換個角度想，季節感卻降低了。

我自小貪吃，熱愛空心菜，空心菜產於夏季，小時候，每到四、五月，我就一心盼著第一盤炒空心菜上桌。媽媽是宜蘭人，空心菜一直是炒嫩薑絲而不是大蒜，嫩薑也是夏天的孩子，因此整盤菜季節感十足，我會把薑絲連同空心菜一起吃光光，一直吃過整個夏天。

某一天媽媽會說，「這大概是今年最後的空心菜了。」聽到這句話或許有些悵然，無比珍惜地把那盤菜吃到一葉不留，但也同時開始期待秋冬的其他食材。

現在幾乎一年四季都能在市場看到空心菜的身影，我反而吃得少了，我想是那股因為短暫而非得珍惜的心情不同了，每每想著，隨時可以吃到呀，不急著現在吃。

日劇《黑心居酒屋》中，主角之一說，「什麼東西都能隨時吃到，代表你真心想吃的東西會漸漸消失。」這句話有些殘酷，但的確是事實，「期間限定」之所以如此誘人，就是因為短暫；暫且先不論產地，當一年四季都吃得到白蘿蔔的時候，我對於深冬夜裡的關東煮的期待就淡了，因為只要我願意，夏天也能做關東煮。依著季節煮食，享受不同季節的風情，在如此便利的現代社會中，反而是另一種心情上的奢侈。

所以我其實是懷念那個有強烈季節感的年代的，對食物的期待多麼純粹。

也因此，讀到《京都家滋味：秋冬廚房歲時記》這本寫於二戰剛結束不久、帶著濃濃優雅京味的散文時，我心中感到非常嚮往。書裡的每一行都是季節，文字樸實平淡，但京都的常民風雅透出書頁而來。作者們的日常依循四季節氣，不只是食材的旬味，也在於京都人對於不同時節要吃什麼、做什麼、煮什麼的執著與講究，除了生活感外，更是儀式。

儀式在時代的推進中逐漸逝去，現在的大家還會如作者們那樣，在賞月時吃月見糰子嗎？又有多少人還會在正月十五日吃紅豆粥呢？

或許身在台灣的我們無論如何不會這麼做，但我們可以藉由閱讀這本書，懷想那個古老的京都，然後想想今天晚上要為自己的餐桌準備什麼季節食材。

九月

◉**朔日**——每月的朔日，要煮「昆布鯡魚」。將帶有澀味的鯡魚乾與昆布絲一起煮，祈祝這個月也可以低調、謹慎地度過。

◉**十五日**——芋棒（いもぼう）。海老芋與棒鱈魚的煮物。不過在一般家庭裡會用里芋（小芋頭）。與朔日相同，煮小豆飯配醋漬紅白蘿蔔。

◉**月見**——供品有糰子與地瓜。

昆布鯡魚（にしんこぶ）

「朔日」是指每個月開始的日子。為了迎接新的月分，廚房裡的荒神松、神龕上的魚、食物等都要重新安排過。

首先，會煮「小豆飯」（あずのご飯），有祈求家中勤勉度日的意涵。

小豆飯又叫做紅豆飯（あかご飯），並不是以糯米蒸製而成的赤飯，是以一般的白米（梗米）加入紅豆煮成的。並非僅使用煮紅豆的紅豆湯汁來染色。採收自龜岡舊馬路村的紅豆，就是有名的「丹波大納言」，皮薄顆粒大，香味還特別好。那紅色彷彿是在說這個月分將會有好事發生的吉兆。

搭配小豆飯一定要有的配菜是醋漬紅白蘿蔔（おなます），將切成三公分

小段的白蘿蔔再切成細絲，以鹽巴揉過。加上二杯醋調味，再加進一些切成細絲的金時紅蘿蔔，就像是紅色絲線交雜其間般十分美麗。做好之後分成兩份，以小碟裝盛擺得高高的，最後再撒點刨得完整漂亮的鰹節。湯品通常會搭配白味噌湯，裡面的配料就用切成小方塊的豆腐，再加上一點青菜。也有人是用中味噌*煮味噌湯。

配菜就搭配昆布鯡魚。據說以前的鯡魚乾，肉多且硬，味道也比較澀。記得要在月底這天先泡水。將泡好水的鯡魚乾用鬃刷洗乾淨，切成一寸左右（約三公分）的大小並燙一下。昆布絲也放進笊籬裡仔細清洗乾淨。

將砂糖、料酒、醬油放入鍋中，這些煮汁準備多一點，切好的鯡魚乾連同昆布絲一起下鍋，以小小火煮差不多四十分鐘左右，不論是鯡魚乾或是昆布，都會十分入味。慢慢燉煮，煮出好味道來。雖然昆布絲煮太久會變黏黏

*中味噌：瀨戶內地區特有的說法，介於白味噌與赤味噌之間的一種味噌。

的，但是口感反而會變得爽脆，十分好吃。

有句話是這樣說的，「しぶう、こぶ、こぶといくようにに」。所謂的「しぶう」是指低調，「こぶ」是能夠謹慎的意思。在每個月的朔日煮鯡魚昆布來吃，不論如何耗時費工，在日常的生活裡也不要浪費錢。這大概就是京都人的生活哲學吧。

秋山

葉胡椒（きごしょう）

葉胡椒指的是辣椒的葉子，土生土長的京都人都把它稱做葉胡椒，不知道正確的寫法應該是什麼才對。

辣椒的果實是夏季餐桌上常見的蔬菜。綠色的辣椒味道很甜，不可思議的是完全不會辛辣，以烤網直接放在火上烤，會散發出特有的清新香氣，或是在平底鍋裡加點油，用油煎也十分好吃。兩種做法都搭配生醬油，不僅做法簡單，而且怎麼吃也吃不膩。聽人說，這食材富含維他命，非常適合在酷熱的夏季吃。不過就算普遍不辣，它的本質依舊是辣椒，所以偶爾也會吃到非常辣的。在大家認為「辣椒果實是甜的吧」這樣放心地吃著的時候，不小心咬到辣的，也是會辣上好一陣子呢。

辣椒在夏天貢獻出果實之後，到了秋天清理辣椒田時，就可以吃葉子了。將一整株辣椒連根拔起後綁成一束，從上賀茂一帶出來賣。總覺辣椒被一點不剩地吃個乾淨，挺可憐的，不過身為女人的我，卻總是很難萌生憐憫之心。

將葉胡椒以醬油確實煮到變黑，可以保存一整年，但是如果煮得清爽些，保留葉子的青綠，更適合當作秋季的菜色。將葉子一片一片從莖上摘下，留在莖上的小辣椒也別忘了。將葉子先燙過，充分擰乾水分，煮的時候調味清淡些。煮好的葉胡椒跟小魚乾很搭——要先把小魚乾的頭摘掉、身體摘成兩半。

秋天的來臨是這樣的，白天的太陽如同盛夏般又曬又熱，影子的濃淡卻開始一日深過一日，清涼了起來。穿堂過戶的風，也微妙地讓人感到些許秋涼。每當我在廚房摘下葉胡椒的葉子，就有了秋天的情緒。摘取葉子的指尖，也被汁液染上顏色，連指甲都變黑了。

孩提時代，母親會將葉胡椒與魩仔魚一起煮，因為是不容易保存的菜色，每次媽媽都會說：「不要剩，都吃完。」若有似無的菜味，就是葉胡椒在我記憶裡留下的味道。年輕時怎麼樣都煮不出和媽媽一樣的味道，最近卻也能做到了。想是我也成了資深主婦了吧。

平山

梭子魚（かます）

最近的海邊不知道是什麼樣的景色。學校已經開學了，海邊也一口氣安靜了下來，沒有玩小艇的人，遮陽傘應該也都收乾淨了。只有海浪逕自地喃喃自語。

我想看一看這樣九月的海。

村子裡那猶如紫薇花盛開般熾烈紅色的郵局，一口氣閒了下來，從郵局窗子裡看到的入海口，是不是也隨著秋風翻起了白浪？那位每天早晨會帶著蠑螺與魷魚來賣的大嬸，現在不知道在做些什麼呢？

鮮魚店攤子上擺著梭子魚，魚背有著不可思議的顏色。牠不似秋刀魚那般青綠，也不像鯛魚那般鮮紅，彷彿陰天時在松林蔭下，獨自一人望向大海時那般深沉的灰色。

梭子魚有著與身體不成比例的大臉，嘴巴尖尖的，可以略略窺見那鋸齒般的牙齒。

八月左右會有小隻的梭子魚上市，可以曬成鹹魚乾，但若想要片成魚清做成烤物的尺寸，則要等到九月。

以前似乎可以抓到很大隻的梭子魚，鮮魚店裡的人叫牠「尺八」（しゃくはち），並非說長度有一尺八寸，而是新鮮的梭子魚又細又長，魚身像竹竿一樣是圓棍型，模樣像是樂器「尺八」一般。

梭子魚剛撈上岸時，先在海邊把圓滾滾的魚背片開，以海鹽醃過再上市，特別好吃。經過紀州或山陰的港口送到京都的這段路程，鹽漬的狀態就會恰到好處。

將其片成魚清，以竹籤上串，從魚肉先烤，烤到八分熟的時候再烤皮。以微火烤，小心不要烤焦了，烤到魚身上的油開始滋滋作響，香氣四溢，令人食指大動。趁熱搭配一點醋橘或檸檬片，啊～這就是秋天的味道。

味道清淡且品質優良的梭子魚特別受京都人的喜愛，也會被當作探望產婦時的伴手禮。

新鮮的魚也會被做成椀物。將背部的魚肉打上細細的花刀，捲起來之後燙過，搭配嫩水菜、鴨兒芹、菠菜等蔬菜，最後再放上一點柚子皮與清湯。

在不靠海的京都，忍受著對潮音的思念，烤點梭子魚吃吃吧，聊以安慰相思之情。

秋山

毛豆（枝豆）

無論叫毛豆或畦豆（あぜまめ），都是屬於秋天的豆子。

豆莢長滿細毛的毛豆，以鹽水煮之，煮到顏色變成茶色時，剝開帶著鹽味的豆莢，青綠色滑溜的豆仁，真叫人齒頰留香。僅有外皮沾到鹽巴，調味就剛剛好；胖呼呼的豆莢，給人一種十分營養的感覺。煮好的毛豆用大笊籬撈起放著，就是孩子們的零食。從笊籬邊緣伸進了許多手，配著冷麥茶，大人陪著小孩想說加減也吃一些，然而一旦開始吃了以後，任誰都停不下來，等到爸媽出聲：「吃得差不多就好了，太多會鬧肚子的！」在猛烈砲火攻擊之下的毛豆，早已堆成一座小山殼。毛豆就是這種後勁十足的豆子。

毛豆很下酒，超適合搭啤酒，盂蘭盆節前後，豆莢還很扁、裡面的豆仁又軟又嫩之際，就會被拿來當下酒菜。雖說如此，但我仍覺得等到豆莢肥美時最為好吃。從豆莢裡取出的生豆仁，只加上一點鹽做成的炊飯也好好吃，會讓人的食慾一下子高漲起來。

因為種植在田畦上，毛豆也叫做畦豆。我自己是過了三十歲才知道毛豆跟大豆是同一種植物，那個乾燥白黃色的豆子，原來是毛豆成熟之後乾燥而成的。一聽之下，簡直忍不住驚呼、瞠目結舌又一時語塞。我從「長這麼大了，這點事情竟然都不知道」的驚訝，最後變成拿手的事，時常把此事拿來問身邊的朋友。最讓我吃驚的是，在城市裡長大的人，大概都不知道這件事。我雖然不過是最近才知道，也忍不住帶點得意的優越感……不過話說回來，京都可是京城所在，京城畢竟離田地有點距離嘛。

就在毛豆開始活躍於餐桌上時，剛好也是颱風頻發的季節。而我們這些做父母的，也到了需要在秋涼夜深時，煩惱是否要添衣的年歲了。日常中有數不清的細小煩惱，時光就在這樣瑣碎裡飛逝了，孩子們也長大成人。

以前吃毛豆並沒有什麼特別的感覺，但是現在與孫兒們一起吃，覺得原來這就是幸福的模樣，突然間對平淡的毛豆有了深刻的敬意。

平山

海老芋煮棒鱈魚（いもぼう）

月中的十五日與朔日相同，都是重新開始的日子。所以我們會煮小豆飯，用里芋以夫婦炊*的煮法做成的海老芋煮棒鱈魚，搭配醋漬紅白蘿蔔。

在特定的日子裡，吃特定的菜色，如果沒有吃到就不舒服的習性，或許會被形容為守舊拘束，但是就算是聽到這樣的批評，京都女人反而會答：「不會的～這樣一來，那天就不用煩惱要吃什麼了，十分好呀！」對我們來說有固定菜色的日子，讓人輕鬆愉快。

***夫妻炊**：以煮棒鱈魚時釋放出的膠質，避免海老芋煮爛，以烹煮海老芋頭時釋放的成分（灰汁），煮軟棒鱈魚，此相輔相成的搭配，被稱爲夫婦炊（節錄京都平野本家網站說明）。在本書中亦爲相輔相成搭配炊煮之意。

自家做的海老芋煮棒鱈魚，不像料理店使用海老芋（えびいも），而是用一般的里芋（さといも，即小芋頭），將表面的土洗淨，削皮整理之後煮軟。而曬得又乾又硬的棒鱈魚，則是事先泡發後切成塊狀，拿大一點的鍋子用大量的水煮軟。

煮好的棒鱈魚，將煮其的水捨去一半之後放入里芋，加上砂糖、味醂、料酒、薄口醬油、濃口醬油調味，蓋上落蓋慢慢煮到湯汁收乾。用煮棒鱈魚時剩下一半的水繼續煮里芋——這種做法稱為夫婦炊，用夫妻炊來煮棒鱈魚，味道會變得濃郁，特別好吃。

聽老一輩的人說，因為棒鱈魚的魚卵價值高，所以是一種出世魚*，而里芋則有子孫繁盛的意思。不管是哪種說法，海老芋煮棒鱈魚都存有興旺家宅的心願。

在沒有法定固定週休的年代裡，每個月的一日和十五日是休

---

* **出世魚：**隨著體型、型態改變而愈來愈受重視（值錢）的魚類，會被叫做出世魚。市面上慣用的魚種爲長大後叫做「鰤魚」（ぶり）的魚。

假日，那時新京極一帶有許多映象館（電影院），特別熱鬧；木工師傅與泥水匠師傅、職人們、學徒們等人，每到假日都紛紛往京極一帶跑。

此外，在十五日這天，大家會到八瀨（やせ）前一站的三宅八幡宮參拜，除了因為那裡有好吃的東西之外，也由於三宅八幡宮的神明是封印「疳蟲」（カンの虫）＊的神，大家會請神明保佑小孩不受疳蟲所擾。在那裡還可以買到鴿子形狀的生八橋＊，上面撒有罌粟籽。

十五日這天，午餐吃過小豆飯與海老芋煮棒鱈魚後，下午大人會帶我們到三宅八幡宮走走。而晚上在八坂神社則有路邊攤，這天也可以買到醬油糰子（御手洗糰子、みたらし団子）。

大村

＊**疳蟲**：不是一種真的蟲子，是指小兒夜啼等各種小孩難帶的問題。

＊**生八橋**：主原料為米粉與砂糖，烤過的稱八橋，沒有烤過而外皮柔軟的為生八橋，是京都代表的和菓子之一。

月見糰子（お月見だんご）

滿月從東山邊緩緩升起，又圓又亮的月高掛在京都的天上。賞月的那一晚，會在屋子的緣側＊插上荻花或蘆花，在木製的三寶高台上放置兩個盤子。一個盤子裡裝著糰子，另一個放小里芋的煮物。這是獻給月神的供品。

這陣子只要接近滿月，和菓子店裡就會擺上細長、中間抹上紅豆餡的糰子。這種做法似乎是最近才開始的，想及在戰前都是在家用米粉自己做。

月見糰子是白色圓形的糰子，以米粉加水揉過之後拿去蒸，蒸好後再用力揉一次，這樣做的糰子，表面就會既光滑又柔軟，最後將它整成圓形。

＊**緣側：**和式平房一樓內室與庭院之間延伸出去的平台。

閏年時在盤子上放十三個，其餘時候則是十二個。小里芋的數量也是一樣。

至於要準備的荻花或蘆花，孩提時我曾在白天到鴨川原的出町一帶拔花，只不過現在街上的花店裡也能買得到了。

大概是在我父親年輕時的那個年代，商店裡一起工作的男人們也會結伴去賞月。聽說是從琵琶湖、淀川、宇治川那兒登船，然後在船上吃飯、喝酒。巨椋池（おぐらいけ）在那個年代是一大片溼地，在那裡也有遊船，曾聽過在船上還有月見茶香服（茶かぶき）等頗有雅興的事——茶香服是指以上好的煎茶或玉露飲茶盲測，或是猜茶名作樂的茶會。而小女孩們則是留在家裡吃裹上黃豆粉的糰子。

待至滿月高掛於中天無雲時分，女孩家會就著月光，以紅絹的布頭縫製米糠袋。穿針引線、密密麻麻地縫製，向月神祈求自己的女工精進。

不過，這樣的事現在應該已經沒人做了。但是紅色是女子們的顏色，縫縫補補依舊是女子的工作，而變美這樣的心願，應該不管那個時代都相同……。所謂米糠袋，就是女兒家洗臉用的重要工具呀！

邁向深夜的京都街道，變成了充滿光的世界。東山、叡山都漆黑一片，而屋頂在月光下就像是打濕了一般閃閃發著光……。

平山

飛龍頭（ひろうす）

在彼岸時去廟裡參拜，事情辦完之後會有齋飯，在赤紅色的膳台上，一定會有一道「飛龍頭」的椀物。

飛龍頭，一般被稱為「雁擬き」（がんもどき），是將豆腐去除水分後，加入山藥泥混合，再加上百合根或蕗蕎等配料油炸而成的東西。一般多為圓形，飛龍頭是這道料理正式的說法。而做得略小、煮得甜甜的，則稱之為金柑飛龍頭（きんかんひろうす）。

聽常出入大本山的豆腐老店家說，飛龍頭最初是模仿龍頭的形狀，做成三角形的，在裡面添加的材料，會放兩個銀杏做為龍的眼睛，百合根則是龍鱗，還有細薄的牛蒡片模擬鬍鬚的樣子，這三種材料是必須要放的。一般街上販售的，裡面會放胡蘿蔔、麻實等，外面會撒上黑芝麻。

大顆的飛龍頭，以熱水燙過去油之後，以昆布出汁、清淡的調味慢慢煮至入味。煮好之後，一個碗裡放上一個，淋上以葛粉勾芡的清湯，最後佐以少許生薑泥。

這份椀物，被招待時要趁熱吃，不要吃得不好意思。調味淡雅的飛龍頭，連中心都是熱呼呼的，只要一份就可以讓人肚子感到飽足。

有這麼一句話是：「盂蘭盆節賺，正月虧。報恩講法會不賺不賠。」意思是，廟方在盂蘭盆節時舉行誦經法會大賺一筆；等到正月給信眾大德送年節禮物，則是虧損；但到了報恩講法會舉行時，沒什麼盈虧，不賺不賠。對寺廟的收入說三道四，大概只有沒修行的人會想到這些事吧。

在彼岸時節，雖然沒明訂的習慣，但聽去參拜的人說起，用赤紅色的漆碗裝飯吃，可以避免受到中風的災禍。不過近年來的漆碗，多半是樹脂合成或是塑膠的材質，用這種碗吃應該就沒什麼法力了吧。不過聽說真正漆器的塗料，似乎對身體是不錯的樣子。

飛龍頭的椀物，真是一道讓人肚子感到滿足的料理呀。

大村

納豆（なっと）

京都以林立的寺廟聞名。當地的街道名稱有以鄰近寺廟命名的，寺廟的旁邊緊鄰著寺廟，相連的土牆邊上，無論四季均能見到隱隱約約冒出頭的花，十分雅致。

根據寺廟的教義不同，從建築物本體到經書內容也都有所差異，禪宗的寺廟會用大豆、麥子做成納豆。雖然叫做納豆，但並不是大家熟知的甘納豆，也不是會拉絲的那種納豆。禪宗寺廟所做的，是一種黑漆漆、圓滾滾且味道偏鹹的納豆——屬於大人的滋味，我想，把它叫做「禪味」也可以吧。

聽說，製作方法一開始是從中國傳來，一休和尚將這個東西做為災難時的保存糧食。傳承至今者，以「大德寺納豆」最為有名。

秋日午後的陽光照耀在庭院的石頭上，坐在寺廟的緣側享用抹茶。雙手的掌心中捧著重量恰到好處的清水燒茶碗，以水井中質地極佳的水，點出韻味幽長的宇治茶。

這是用心栽種、灌溉以愛情、受太陽與風的照拂，以時間豐富熟成的樸質的風味。

這些在京都才能感受到的寂靜歡愉，充滿我的內心。

在夏季炎熱的日子裡製作納豆。取品質好的大豆放入大鍋中，從早到晚不間斷地煮。據說以柴火燒煮，要煮到入口即化的柔軟程度，其火力控制相當不簡單。

麥則是用大麥，炒過之後磨成粉——也就是雜穀粉（はったいの粉，見《京都家滋味：春夏廚房歲時記》，頁一七三），將煮好的豆子與雜穀粉混合均勻，放在製麴的房間中，以夏天的溫度自然發酵。接著，將其與鹽水混合，放入飯桶中不停地攪拌。

再將這些靜置四到五日熟成，最後用夏季強烈的日光曬乾，一個一個以手整形。從著手進行到完成，大約耗時兩個月。如果在夏季土用日期間開始製作，十月就可以吃了。

單吃佐茶，或做為啤酒的下酒菜，甚至當作甜食之後清口都很不錯，也可以做茶泡飯。取出兩三個，以準備小鳥飼料的那種小小杵臼搗爛，或是用湯匙的背面壓扁，放入赤味噌湯中也好吃極了。如果再加點豆腐、蔥末那是最好不過了。

秋刀魚（さいら）

〈秋刀魚之詩〉（さんまの詩）這首歌，在廣播節目裡流行開來，初聞之際，「『さんま』到底是什麼魚啊？」我想了老半天都沒想到，後來問人家，「你這呆子，就是秋刀魚啊（さいら）！」

於是，經過這次我就懂了。當太陽在天上愈升愈高，涼風開始吹送之際，秋刀魚就像是秋天的使者般來了。離海遙遠的京都，有的秋刀魚是一整條直接鹽漬，有的是從背面剖開之後，淺淺曬過，被擺在鮮魚店的攤子上賣。

沙丁魚、鯡魚、竹莢魚、鯖魚，每一種都是家常菜色，這一類青背魚也是所謂廉價的魚——用現在的說法就是大眾魚種，秋刀魚也在此之列。

魚油滋滋作響，滴到碳火上燻刺了眼睛，起鍋趁熱，將切成兩半的柚子（ゆず）擠一點在剛烤好的秋刀魚上，可以消解油膩。那美好的滋味，讓人不禁一邊說：「位高權重的人們真是可憐啊，應該不知道秋刀魚這麼好吃吧。」一邊讚嘆這平民滋味，真是太美味了。

除了柚子以外，也可以用大量的白蘿蔔磨成泥，搭配起來很是清爽。秋刀魚上市的季節，屋子裡的戶障子與夏季的葭戶、竹簾*等，也都恢復成一般的和室門。通風了整個夏季的家裡，現在變得密不透風，如此一來，烤秋刀魚產生的煙霧便在家裡散之不去，臉上些許不快的長輩厲聲斥責：「趕緊把神龕關起來！」長輩們不喜歡神龕沾上這些葷腥的味道。

目光追逐著煙霧往頭上的天窗望去，那是透澈的青空。天空的顏色，已然是秋天了。彷彿被這秋色催促似的，大夥兒趕忙收拾起夏季的衣裳，換上

*戶障子與夏季的葭戶：京都的老式建築狹長，會在夏季換上通風性較好的和室隔間門，秋季再換回一般用的。（此舉可參見《京都家滋味：春夏廚房歲時記》，頁一三八）

屬於這個季節的織物。

昨天還嚷嚷著「好熱、好熱」，一轉眼今天就已經覺得秋涼了。這美好的季節，怎麼會如此短暫呢。烤秋刀魚的快樂，也只有短短的這段時間。啊～這才不是什麼さんま（秋刀魚），這可是烤秋刀（さいらの焼いたん）呢。

大村

十月

＊**竹葉小判（笹に小判）**：惠比壽祭所使用的竹子又稱爲「福笹」，由來有各種說法，其一爲取「竹子筆直成長，遇到困難也不會受挫放棄」之意。小判爲古時候的錢幣。兩者都有生意興旺方面的吉意。

◎二十日惠比壽祭（えびす講）——煮蔥與含片（はんぺい），因為蔥看起來像竹葉，而含片看起來像是小判（錢），取「竹葉小判」＊的吉兆之意。

◎其他——丹波的栗子與松茸。松茸的價格逐年增長，愈來愈難買得下手。可以烤栗子，放進飯裡，享受味覺之秋。糖水煮栗子要留到正月。

栗子飯（くりごはん）

漫漫長夜裡，烤點栗子是很歡樂的。老天爺雖然讓京都缺乏海味，卻給了各種山珍。拿丹波的栗子來說吧，其顆粒碩大，還在火上烤的時候，光是那個香氣就足以令人享受秋天的歡愉。邊撥殼邊吃，一個接著一個，根本停不下來。這種鬆軟香甜的栗子，表皮長得光滑黝黑的叫做銀寄（ぎんよせ）。

栗子倒也不是說顆粒愈大愈好，有人曾和我說，中間尺寸的栗子最是好吃。細問之下才知道，一個刺殼裡，通常是兩顆栗子面對面排列生長，也有只長一顆栗子的；如果長了三顆，中間那顆的形狀就會是扁平的。

栗子飯有兩種煮法，一是直接加生栗子，另一則是烤過再放進去，不管是哪一種都要先削皮。前者將栗子一切為四，生米就放，調味後一起煮；若是放烤過栗子的後者，米飯雖然多少會沾上點黃色，但是烤過再煮較香甜。

一口氣吃太多栗子，容易火燒心（胃食道逆流），就算是這樣，小孩子還是非常喜歡栗子飯。配菜只要簡單準備個青菜，單吃就美味的栗子飯，不會特別想要和其他的菜色一起配飯吃了。

春天吃豆子飯，秋天則是栗子飯。這就是季節的美味吧。

浸煮栗子的做法如下。將栗子去皮，加入蓋過栗子的水量，以生漉紙（生抄きの紙）當作落蓋，蓋在栗子上面。這樣一來，紙會吸收浮末成褐色，如果髒了就換新的。蓋上紙的栗子不會在鍋裡亂動，可以避免栗子破損受傷。

分三次加入砂糖，最後加一小撮鹽，耐心以微火煮之，熄火後靜置放涼。如果熱熱的時候攪動它，栗子容易破裂。

放進寬口瓶裡保存起來，等到正月再拿出來，就多了一道煮物，這也是我們家自慢的好滋味。

讀點書、做點針線活、做做家事之際，傳來小販的叫賣聲：「烤～～丹波栗子～～」在街道上迴盪著，是如此的秋夜呀。

大村

時間是做菜時考慮的要素之一。比如有些菜色需要花時間煮，有些可以快速烹調、熱騰騰上桌，有些則需要煮好後放一個晚上，讓它充分入味。

讓食材本身的美味得到最好的發揮，在最美味的時候烹調，在最恰當的時機上桌，這些心思是掌勺女子的氣概。如果遇到味覺不靈敏的人，那也會讓人沒了動手的價值。

生鮨（きずし）

鯖魚的生鮨，要在吃之前的兩三個鐘頭料理起來。

將系昆布（糸めこぶ）切成細絲狀，以白砂糖與市售調味醋浸泡。待膨脹泡軟、開始產生黏性之後，將其連同醋一起淋在切成細絲的鯖魚上。

鯖魚可以這樣處理。鯖魚撈上岸後撒點海鹽以保新鮮，將之片成魚清，胸骨也片除，魚骨旁的小刺也夾除，去皮，漂亮地切成四釐米左右的厚度。如果太早去皮，背部鮮豔美麗的銀青色會褪色。魚片的背部再劃上一兩刀花刀，可以讓醋更快入味，外觀也好看。

等到昆布細絲膨鬆柔軟，切片鯖魚被醋汁潤到恰到好處之際……這就是上桌的最好時機。若時間過長，魚肉顏色會反白，肉質也會變柴。倘若沒有時間等待，就直接涼拌吧。

配菜類的黃瓜切成薄片，土當歸（うど）切小長條之後泡水備用，最後將處理好、切成細條的鯖魚，以二杯醋調味涼拌。剛才提到的系昆布也加一些，味道會更好。也可用以鹽巴稍稍醃過的馬頭魚或是竹莢魚替代鯖魚，味道會更清爽一些。

製作生鮨時，取完魚清剩下的魚骨可以做成「船場汁」（せんば）。做法

與鯛魚的魚骨湯一樣。這道菜最早是在大阪的船場（地名）受到歡迎，因而得名，這裡可以將鯖魚的魚骨與魚雜，以熱水燙過去腥，加上切好的白蘿蔔煮成。

秋天的鯖魚真是美麗的魚。鯖魚背上的紋路，彷彿是搖曳的青色海波。魚身附有黑色斑點的是胡麻鯖（ごまさば），若要論美味還是真鯖（まさば）為好。

秋風至，鯖魚肥，鯖魚真討京都人喜愛啊。

秋山

松茸飯（まったけごはん）

不知道什麼緣故，松茸飯愈來愈少見了。

記憶裡曾有過這樣的事，將碩大的松茸，盡情地切成厚厚的片狀，以笊籬裝盛上桌，接著用手抓進煮壽喜鍋用的鍋子。這不是什麼年代久遠的事情，只是因為松茸的產量逐年遞減，價格也愈來愈高，漸漸地我們也消費不起了。不過在產季的時候，還是至少要吃上一次小松茸呀。將小松茸切得再小一點，拿來做炊飯——為了讓餐桌上也能有「松茸飯、松茸飯」這樣的騷動，我們主婦們也是拚盡了全力。現實令人難為情，只能做做遙想當年的夢。

松茸山（地名）的松茸飯，一定會搭配國產土雞的壽喜燒。以充滿柚子香氣的醋拌上現烤的松茸，全部都是農家自煮的，完全是松茸吃到飽的盛宴。秋天的天空，不可思議的又高又乾淨。午餐呢，就在山的鞍部地區，比較平坦的地方鋪上蓆子，享受採松茸之樂。搭配松茸一起吃的國產土雞，不知道是不是眼前在農家滿院子跑的雞呢。

記憶中，那雞肉彈牙，愈嚼愈有滋味。戰前，在京都北山至丹波一帶盛行採松茸，我們這些在都市長大的腳丫，會在那裡換上稻草編的草鞋，尋找躲在樹根下的松茸。從山坡下朝上方望去，可以看到藏在枯松針底下的松茸。慢慢將松茸裝進手上的籃子裡，裝得滿滿的，而那片山的地主，也不會說什麼小氣的話，甚至在吃到飽後，還會準備很多小竹籠，讓人把松茸帶回家。這樣大氣、輕鬆的回憶，也只能在心裡無限懷念。

就算是這樣，也會想牢牢記住煮松茸飯的方法。松茸稍微清洗一下，不要洗得太仔細，以免可貴的香氣被洗掉。只用刀子薄薄削掉根部有土的地方，不論是菌傘或是菌軸都切成差不多大小。白米洗淨，加上一點醬油、料酒、鹽巴調味，還有水。水量比平日煮飯要少一些。一開始就將切好的松茸下鍋，跟白飯一起煮。醬油的分量只需可以讓這飯稍微染上一點顏色的程度就好，完成後，就是雅致的松茸飯了。

平山

烤松茸（焼きまったけ）

日常三餐的安排，不是說每天都淨做一些豐盛的就可以了。一個禮拜裡有五天吃得比較簡單，剩下的兩天煮得豐盛些，以這樣的規律輪流。然後以月為單位，一個月有一兩次奢侈一點。而此處的奢侈，以現在的季節來說，就是松茸了。

在京都，松茸以丹波產的為最。菌軸粗、香氣足。採下的松茸要避免吹到風，剛摘下的松茸，表面還會帶著白色的粉。如果吹到風，顏色會變黑。

處理松茸根部時，接觸到松茸的刀子如果發出「揪～揪～」的聲音，那就表示裡面沒有蟲蛀。做菜的人聽到這個聲音，心裡面便會暗自竊喜。松茸不管怎麼做，用烤的還是最美味。快快地洗乾淨，火速以大火烤之。

靠近松茸生長的深山有股味道，在自家烤松茸時，那股山裡的氣味，就會充滿了整個廚房。那真是令人歡喜歡愉的香氣，啊～是秋天呢。烤好的松茸，等不到用刀子切，趁熱、吹吹涼，並徒手撕開。

搭配它的青蔬，就用燙過的嫩水菜吧。蓊鬱的綠，是青松的顏色。

以二杯醋或三杯醋，擠上一點柚子或酢橘，將水菜與松茸拌在一起。酢橘的滋味是比較內斂的，搭配烤松茸，最是秋天好滋味。

剛烤好的松茸，擠上酢橘、醬油，只要一滴滴來提味，這樣吃起來，味道與香氣會更上一層。

在松茸盛產的季節，還能找到體型細瘦的鱧魚，鱧魚與松茸清湯，味道清爽極了。這道湯品也要擠上一點酢橘，讓味道更加清鮮。土瓶蒸亦然。

天邊的雲，緩慢地從街上往稻禾山方向（東南）流動時，這種天氣叫做出雲。而往比叡山（東北）流動的將會變成雨，往愛宕山（西北）去的則是雨風。秋季的天空是如此善變，但穩定的天候對松茸生長比較好，所以據說，在三條通粟田口的神社祭典「粟田祭」的前後，約莫是十月十五日，便是產季最盛之際了。

大村

蔥與含片（ねぎとはんぺい）

十月二十日是祭拜惠比壽神的日子。要吃蔥與含片（はんぺい）做的「汁」（お汁）。

在京都被叫做汁的，與其說是湯品，不如說是一道菜，有點類似煮物，汁裡面有很多料。

在平日，如果是含片，分量大概是一分為四，但是在這一天，一個人會用上整整一片。

用小魚乾或鰹節的出汁，比起一般清湯時的調味略濃一些，接著放入斜切的蔥，含片在要吃之前才下鍋。下鍋煮的含片會一口氣膨脹變大，但是一裝進碗裡又馬上消風縮小。一口咬下碗裡面的蔥白，熱熱的湯汁噴濺而出，燙到嘴巴……這些是孩提時代，對於二十日惠比壽神祭的印象。

問了惠比壽神社的人，為什麼這天要吃蔥與含片呢？據說含片長得像小判，而蔥像是竹葉，是代表吉利的菜色。據說在以前，含片要比現在的厚，形狀更像小判。

所謂的以前……其實大約在明治維新，政治中心從京都轉往東京，京都一時之間黯淡了下來。商人們帶上和服、貨品等積極地趕往東京做生意。而這些人會在秋天心心念念地返回京都，二十日這一天，在家裡過惠比壽祭。上從老闆，下至掌櫃、小伙計們都開心地過節。這一天的菜色，會有帶著頭尾的整條沙丁魚，以及含片與蔥的煮物。

這天是尋常日子裡小小的期待。

聽來的舊事中，還有「阿多福飴」，擰成長條狀的糖棒，至今仍是路邊攤

的暢銷商品。外觀細細長長、圓條形的糖，上面灑著白粉。不管怎麼切，糖果的切面都會有阿多福（おたふく）、金太郎、火男（とくす）的臉譜圖案，非常不可思議。火男就是能劇面具裡的那個火男（ひょっとこ）。

現在已經消失的東西——特別是指在這一天販賣的東西——還有一種叫做「糖米香」（あめやおこし）。骰子狀的米香，切成一個大概五公分左右。

祖母說：「二十日惠比壽祭時，會有很多人賣法藍絨碎布的製品，在這天能買件圍裙是比什麼都開心的事。」

惠比壽祭結束之後，京都一口氣進入了深秋。

秋山

出汁蛋卷（だしまき）

煎蛋卷這道菜，雖然說在日本到處都有，但是出汁蛋卷那種溫柔飽滿的滋味，應該是京都特有的味道。雞蛋與昆布出汁的組合，調味淡雅的蛋卷，剛做好的時候，湯汁飽滿，特別軟嫩。

要做好出汁蛋卷，雞蛋與出汁的比例特別難掌握，如果蛋液太稀、很難定型，太硬了又不好吃。四個雞蛋，兌上兩湯勺的出汁，以現在的計量標示，兩湯勺大概是七〇到八〇西西左右。加一點薄口醬油調味。在京都，出汁蛋卷是不加糖的。

調蛋液時攪和過頭容易塌，做好之後的蛋卷就沒有光澤了。所以首要在調蛋液的時候，要注意手勢的輕重，再來就是鍋子的火力控制。比起一般隨手做的蛋卷，煎出汁蛋卷特別需要經驗，就算是料理人，也被稱做如果可以做得好，就可以出師了。

做出汁蛋卷，先將銅製的方形鍋子以大火燒熱後抹油，拿起鍋子靠近臉，可以感覺到「嘩～」熱度一下子傳過來時，就可以倒入蛋液。蛋液定型之後，在靠近自己的這一側翻面，蛋卷的芯捲好之後，以左手握著的鍋子重量，以及右手握著輔助翻面的筷子，有節奏地配合將蛋卷捲好。煎出汁蛋卷，是隨著呼吸節奏進行的工作。

將烤鯛魚的魚肉剔下弄碎，放在出汁蛋卷的中心捲起來，就是鯛魚蛋卷。同樣的手法，還可做鰻魚蛋卷。不管哪一種，都要捲得粗大一些，取比較淺的漆碗，放上一大片。對孩子們來說，就是十分豐富的菜色；大人吃的蛋卷可以包入烤過的蔥白，一條蛋卷裡捲上兩三根烤蔥白，特別適合大人的口味。

不論是正月或是女兒節，舉凡有點什麼事的時候，一定都會附上出汁蛋卷。真是淡淡的好滋味。

曾經有人說過，出汁蛋卷是用心捲出來的，要心無旁鶩、專心才能做好；也曾聽過，如果輕忽了這件事，雞蛋就不會聽話地讓人捲出漂亮的蛋卷。對於專家來說都不是一件簡單的事，更何況是外行人了。

大村

夫婦炊（めおと炊き）

烤豆腐與油豆腐一起煮的煮物，也叫做「夫婦炊」（めおと炊き）。從以前就有這樣的煮法，將「出合い」（であい）的食材互補地搭配在一起烹調，只不過另外給了一個親愛的名字吧。據說，夫妻炊中，油豆腐代表玩心比較重的丈夫，而烤豆腐＊則表示愛吃醋的老婆。兩種食材放在一起，是很好吃的。

下雨的日子、颳風的日子，不太順的時候……在一個月裡面會有那麼幾天，是連出門採買都感到厭煩的日子。這種時候，賣豆腐的人就像是神明一樣的存在，靜候沿街叫賣到來之際，只需走到門口喊一聲：「給我一點烤豆

＊**烤豆腐**：日文的吃醋發音爲やきもちをやく，而烤豆腐叫做おやき，取其やき的同音。

腐跟油豆腐。」不過在最近，沿街叫賣的豆腐店也愈來愈少了。

油豆腐用熱水稍微燙一下，去油，接著把兩種豆腐都切成一樣的大小，放入鍋中，加入味醂，將煮汁味道調得甜甜的，柴魚花也放一點，蓋上落蓋，慢慢地煮。湯汁在蓋子下冒出蒸氣，好吃的味道就飄了出來。我想夫妻間的情感，肯定就像這道菜的滋味吧。

京都女子的堅毅性格，對於丈夫的雜事鮮少過問，也不讓他們需要擔心廚房裡的大小事，女子包辦家中大小瑣事，讓男人無後顧之憂。

「把臉面朝向屋外，專心地把工作做好。」有句話這麼說。

夫婦炊裡的烤豆腐，煮著煮著慢慢有了油豆腐的油香，味道變得更好。看似強勢的女子，心裡面應該也有脆弱的一面，帶著油豆腐滋味的烤豆腐，讓我聯想到自己。

家中每日的菜色，不能老是做一些費力的。夫婦炊如果用和服比喻，就是日常穿的款式，兩種材料僅是用煮汁一起下鍋，一點都不費事。這種輕鬆的滋味，反而讓人百吃不膩。

雖然菜色簡單，做的時候總以大概的分量、大概的做法那樣進行。想要味道做到完全一樣之前，總累積了經年累月的失敗，經歷無數次有時煮得太甜、有時又太鹹的過程。甜中帶鹹的夫婦炊，讓人放鬆的好味道，正是京都女子在廚房中的寫照。

大村

湯葉（おゆば）

將清湯注入碗中，緩緩鬆弛散開的湯葉，模樣常讓我覺得像是在湯裡飄散的葉子。

不論是湯或是火鍋，煮得甜甜鹹鹹的，無論如何烹煮，都會讓這味道清淡的食材變得多彩。上等的大豆蛋白，不管是病人或老人都很適合吃。要讓這個湯葉好吃，最重要的是不要煮過頭——當成湯品的配菜時，僅僅加入熱湯讓它受熱即可。

在日常中，乾燥湯葉較易購得，有的是一整片、有的是一卷，或做成小小一卷，中間以昆布絲打結的。乾燥之前的湯葉，稱之為生湯葉。這種湯葉又軟又甘，總覺得沒有什麼東西比它更好吃的了，但是生湯葉不耐放，所以店家只做當日預購的分量。這樣一說，還真是奢侈。不過這湯葉卻是懷石或精進料理不可或缺的食材。我也到了懂得可以與這樣的食材相遇，便覺得自己十分「幸福」的年紀了。

在京都有許多做湯葉的店家，而那種細細的、像線頭一樣的湯葉，或是製造時的邊角料這類東西，應該也只有在勤儉的京都才看得到。一袋「耳朵」不僅便宜，分量還多，很受大家歡迎——所謂的「耳朵」，是指在製作湯葉時，需要以細竹棍將湯葉撈起曬乾，而沾在竹籤上的那個部分。由於外形很像水管（樋とい、とゆ），湯葉耳朵的正式名字叫做「樋」（とゆ）。

在更早以前，家裡附近曾經有間湯葉店，從店門口就可以看到後方的工房，每次經過，都會忍不住往裡看上一眼。三和土的地面設置了長形的大灶，上面擺著長形的鍋子。鍋子裡裝的豆乳冒著熱氣，當表面起了薄皮，就會用細竹棍將之撈起，整齊地架在高處，曬乾。一根竹棍上面是一張湯葉的分量。有點昏暗的屋子裡，無聲工作的人們，微弱的火不曾間斷地燃燒著……。湯葉，亦寫作「湯波」，當看到製作過程的景象，真的就像是將波浪撈起似的。

這幾年，用機器做的湯葉愈來愈多，但是記憶裡湯葉店工作中的工房，與陰暗潮濕中，綻放著妖豔光芒的京都，給我留下了真是再般配也不過了的印象。

平山

壽喜燒（すきやき）

如果放在今天，這樣阿呆的事，恐怕是要讓人笑話的。接下來要說的，是以前那個不常吃壽喜燒的年代，古早古早之前的事。

說到牛肉，老一輩的人往往會皺起眉頭，覺得那是外國人吃的東西。我們家的老奶奶，也是其中之一，在葷食裡，和魚類、土雞（かしわ）相比，牛肉的地位更低。土雞是指雞肉，講土雞感覺比較厲害的樣子。

在吃壽喜燒時，首要做的便是將神龕的門關起來。然後為了不讓味道留在家裡，要將門窗都打開，讓屋內充分通風。在榻榻米上，鋪上壽喜燒專用的大蓆子，蓆子上再放置壽喜燒專用的檯子。這個檯子是將飯桶挖洞，放進炭爐（七輪，しちりん）。

此外，壽喜燒所使用的餐具也是固定的。筷子用竹製的免洗筷，吃完之後就丟，而使用的飯碗、裝蛋液的碗，統統都僅限壽喜燒使用，吃到最後，再要吃上那麼一口的茶泡飯時，再換上平時的飯碗。現在回想起來，真的是極其麻煩的事，只是要吃頓壽喜燒，連男人都要圍上圍裙，小孩子也為了怕弄髒，會在胸前穿戴上小圍兜兜。

壽喜燒要準備的配料有，大蔥、蒟蒻絲、烤豆腐、麩等，這些食材倒是跟現在沒什麼不同。在吃完之後，收拾更是費事。用過的餐具，全部都要另外放，大家一起在廚房的地板上用去汙粉刷餐具。不停地刷刷洗洗、洗洗刷刷，最後再用滾水全部燙過，才終於放在廚房地上晾乾。

吃了葷食的餐具，如果在平常洗碗的地方洗，會把廚房弄髒，長輩會不高興。

在比較遵循古風的家庭裡，如果遇到有誰的忌日的話，會在當日嚴謹地只吃精進料理，牛肉等葷羶更是不能碰。所以吃壽喜燒前要翻閱「過去帳」＊查閱，避開一眾先人的忌日，因此可以吃的日子就更受限制了。實在是事無鉅細，在現在看來雖然十分滑稽，但是以前的人是十分認真對待的。

大村

＊**過去帳**：記載家中先祖生、忌、俗名、戒名諸事的系譜（家譜）。

十一月。

***護摩木**：護摩在梵文是焚燒的意思，有很多種類與做法，籠統來說是將祈願、煩惱等諸事寫在規格的木片上，置於寺院中，最後集中在特定的日子裡舉行儀式焚燒。

◉**婚嫁**———昔日舉行婚禮，會在神無月結束後，從十一月開始到隔年的花季（春），分送上用饅頭。

◉**火焚祭（御火焚き祭）**———以伏見稻禾神社的祭典最有名，不過各地的神社、商家，都會焚燒護摩木*祭祀。供品會準備紅白饅頭與柚子的米香、橘子等。將祭祀用的橘子烤來吃，據說可以預防感冒。

上用饅頭（上用のおまん）

在京都，節慶時會使用的饅頭叫做「上用」。

通常京都人不會用「饅頭」（まんじゅう）這個字，我們會說「おまん」。上用饅頭是將薯蕷磨成泥，加入上等的米粉混合製成，外皮濕潤柔軟，就算放個兩、三天也不會變硬。外表看起來就像是普通的饅頭，喜歡菓子的人們特別喜歡這種上用饅頭，不管吃什麼，到最後都還是覺得非得上用才是最好。所謂的「上用」（じょうよう）是指高級品，「薯蕷」（しょよ）則是長在山裡的山藥，也有人說是取此諧音得名。

婚禮時分送親友的，叫做「花嫁饅頭」（お嫁さんのおまん）。將五個做

得稍微高一點的腰高饅頭，以四角形盒子裝好，以熨斗紙、水引＊包裝，最後貼上寫有新娘名字的小名牌，親自分送到親友家。現在多半是紅白雙色的饅頭，古風的話全部都是白色。帶有結婚之後到夫家什麼事都願意配合、願意改變的意味；同時也代表新娘子的純潔無垢。比較講究的人家，饅頭裡面還會包東西，有包東西的叫做「蓬萊仙島」（蓬が島）。在大顆饅頭裡，放入五個拇指大小的小饅頭，小饅頭餡料是紅、白、綠、紅豆餡、紅豆泥五種，非常費工。

慶祝疾病痊癒的，會在白色的饅頭皮上加上黑豆。有健康常在、吉利的意涵。

「酒窩」（えくぼ）則是在普通的上用饅頭中心，點上一紅點，是外觀特別可愛的饅頭。這種酒窩不需要什麼盛大的場合，只要不是白事都可以使用。結納（訂婚）或當作結婚時休息室自用的點心都可以；在以前，婚禮隔

＊**熨斗紙、水引**：傳統和式的包裝樣式，依照婚喪所需紙張的顏色、圖樣、以及繩結的綁法會有不同。

天並不會隨即出發旅行蜜月，所以通常第一晚會在自家度過，而婚禮隔天，如果要去拜訪新娘，也會將此做為伴手禮帶去；另外，寶寶出生時，會預訂一點酒窩饅頭，歡喜地去拜訪；還有表演後台用的點心，也常見到酒窩饅頭。

十一月是屬於婚禮的月分。如果在親友間誰家有喜事的，可愛的新娘婚前就會穿著振袖*帶饅頭來拜訪。不太喜歡甜食的我們家，對這麼一大個饅頭就會有點頭痛……不過就算是這樣，在這種日子裡也會覺得心情特別好。

平山

*振袖：一般來說是未婚女子和服中最正式的裝束，其特徵爲垂袖做得特別長。

茶泡飯（お茶づけ）

為什麼會如此喜歡茶泡飯呢？可能是因為人這淡淡然的一生，與茶泡飯的滋味亦同吧。與其說是老人的心境，倒不如說——如果有了近江野洲產的米與宇治的茶，不吃一點茶泡飯，才是件不可思議的事呢。

早上吃一點口味清爽的茶泡飯。茶的澀味、剛做好的漬物、煮昆布，將白米飯染上淺淺黃色。這樣一碗茶泡飯讓身體輕盈，睡意消散，整個人都精神了起來。

被瑣事追著跑的日子裡，午餐將鹽漬鯖魚肉弄散，小指大小的魚乾，在爐子上稍微烤一下，統統放在白飯上，搭配香氣四溢的焙茶，三兩下就扒乾淨了。就算是在心情不好的時候，如果是這種茶泡飯，再多也吃得下。比起剛煮好馬上用的白飯，稍微放涼之後的為佳。

在吃了正餐之後，也會將千枚米果或薄片的仙貝，弄碎後撒在白飯上，再加一點鹽巴，這種茶泡飯，不會讓人覺得是在吃正餐，就算是肚子已經飽了，也可以再吃一點。

夏天的午飯，將剛煮好熱騰騰的白飯，以涼水沖掉白飯的黏性，會變成顆粒分明、鬆散的冰沙一般。再將這些洗好的飯，加上一些以鹽醃過的迷你小黃瓜，淋上代替茶的涼水，這樣的泡飯可以大口大口地扒進肚子裡，讓人暑氣全消。這種泡飯就算是在隆冬，例如吃完壽喜燒這類油膩的東西之後，清爽地收尾，也真是好極了。

一字排開的各色漬物，醃漬的蕗蕎、梅乾也不能忘。那些覺得京都的茶泡飯「寒酸」而輕視之的人，來到這裡吃過之後，方知個中醍醐滋味，甘拜下風呀。接下來的季節會有酸莖（すぐき）、千枚漬＊，茶泡飯不論再多也覺得好吃。

茶泡飯樸質恬適的好滋味，應當是嚐遍了人生苦澀後才能懂的味道。唉呀，也不盡然。京都的茶泡飯，我從小就十分喜歡了。

大村

＊**酸莖、千枚漬：**秋末與冬季以蕪菁製作的漬物。前者以乳酸發酵，參見本書頁二一七；後者以昆布、調味料醃漬，見本書頁一〇一。

青菜與豆皮的煮物（お菜とお揚げ）

到飯店參加婚禮。年輕又美好的兩個人，衣著華美的賓客們，一道接著一道端上桌的豪華菜色，各式各樣的酒類……每一種都淺嚐些許之後，臉頰就緋紅了起來。

心中充滿幸福時，會自然地寫在臉上。新郎時不時獨自微笑著。

接過了小白菊，祝福新人幸福快樂之後返家。

一進到玄關，鬆開厚重的腰帶，脫去訪問著*，終於可以休息了。

宴席上的確是吃得很飽，也不知道什麼原因，就是覺得哪裡

---

* **訪問著**：女子正式場合穿的和服款式。

有點不夠。

身上隨意披了件日常穿的毛衣，走到廚房四處找找，找到了冷飯與漬物。還有鍋子裡面剩下一點青菜與豆皮的煮物。

隨意地將青菜、豆皮、小魚乾，加上鰹節出汁煮在一起，這是一道不管哪本料理書上連做法都不會寫的菜色。非常簡單、原始的煮物。雖說剛剛才難得外出吃頓與平日不同的，現在又想吃點家裡的味道，肚子也有點咕嚕咕嚕叫了起來。

白菜的葉子、水菜、勺菜（うまい菜）、廣島菜、壬生菜、蕪菁葉、天滿菜、畑菜，什麼菜與豆皮一起煮都很好吃。

長得扁平的小蕪菁，最近幾乎都沒見過，不論是葉子或根都可以吃，不僅便宜，耗損還少，對於商家來說是極好的食材。微苦的滋味意外好吃。

我想是因為京都近郊，代代有人栽培優質的蔬菜。沾上了朝露的現採蔬菜，不只一種地堆放在板車上，由農家帶到街上賣。這種叫賣的方式，與客人建立起安心的好關係。

將婚禮上收到的白色菊花，插進花瓶裡，我細細思量著。

不管哪戶人家，媽媽做的家常菜滋味，真的就像是家居服一樣。因為這些味道太讓人習慣了，讓人理所當然地不曾特別意識到什麼。而家中每個人對食物的好惡，可以完全掌握的只有我。如果有天離開了京都，去到別的地方，我會不會對這道青菜與豆皮的煮物，產生意料之外的濃濃思念呢？

秋山

馬頭魚與豆腐（ぐじとおとうふ）

一陣雨一陣寒，寒冷的風從北山吹下。而秋意也在這一場又一場的雨後，愈來愈濃。

繼初秋的梭子魚之後，如果提到還有什麼略施海鹽醃漬的白身魚，那一定就是馬頭魚了。烤起來好吃，做成刺身也美味，施以海鹽的魚肉，不僅有獨特的清爽，而且肥美。將這種馬頭魚，加上豆腐一起煮成湯品。晚秋的寂靜中，鍋子裡傳來咕嘟咕嘟煮東西的聲響……是的，真到了適合吃鍋的季節了，門窗縫微微漏進來的風也這麼提醒著人們。

會想吃馬頭魚的原因，與其說是因為牠清爽的滋味，更不如說是牠捎來了冬天的訊息，這種魚特別適合晚秋、初冬與早春時分。將馬頭魚的魚鱗刮除乾淨，魚皮片下，魚肉切成片，快速地過一下熱水備用；豆腐使用挖豆腐——不以刀切而用湯勺挖成塊狀；昆布出汁準備多一點，放入土鍋。馬頭魚與豆腐放入鍋中咕嘟咕嘟地慢慢煮，最後調味成適合湯品的鹹淡。鍋子裡的出汁如果變少了就添足，味道就不會改變，煮到最後連魚頭魚骨都煮透。

馬頭魚的魚肉是白色的，豆腐也是。為了不讓它們染上顏色，以薄口醬油調味，味道上也清淡些。吃的時候滴落一點點的柚子汁，同桌的孩子也會模仿大人這樣做。對於美味，小孩的舌頭明辨好歹的直覺令人驚訝，有時候連大人都不如。

馬頭魚頭烤過之後，做成清淡的湯，味道特別好。無論是紅燒鯛魚頭、烤山椒鱧魚頭，或馬頭魚頭清湯，每一種都是使用活魚，如果吃過這些，魚身就顯得沒滋味了。最後還得要像貓咪一樣，連骨髓都不放過地吸吮抹淨。

寺廟裡的銀杏樹，開始日復一日嘩啦嘩啦地落下葉子，最後只剩下光禿禿的樹幹。沒有了葉子的樹，讓風吹得更清冷，令人忍不住縮起脖子。在這樣的夜裡，冒著的蒸氣的鍋子，暖呼呼的……。

大村

鯡魚蕎麥麵（にしんそば）

秋葉轉紅的消息，從環抱京都的山谷邊傳了過來。那是與櫻花盛開之際截然不同的熱鬧，並非讓人坐立難安的雀躍，而是在心底悄悄地騷動……女子們會想要相約結伴，到高雄或高山寺走走。位於東山山谷地區的清水寺或東福寺等處，日落得稍早，突如其來的寒意令人不安了起來，不知誰忍不住冒出一聲「啊～好冷啊」，映入眼簾的便是令人歡喜的鯡魚蕎麥麵招牌，雙腳也不自覺地朝著店家大門邁去。

鯡魚蕎麥麵就是將煮軟入味的鯡魚乾，加上蔥等配料的熱蕎麥湯麵。鯡魚雖說是富含油脂的北國魚種，但是鯡魚乾卻有著寡淡的古都滋味。不腥不臭，是與蕎麥麵相得益彰的枯淡滋味。

應該是距今至少三十年以上的事了。

我在略晚的午餐時間，到了南座劇場旁的蕎麥麵店吃飯。店裡面沒什麼人，坐在我附近的年輕男女二人，對著鯡魚蕎麥麵的碗聊著天。並不是有意要偷聽人家說話，但坐得很近，交談聲自然地傳入耳中。女方好像在說自己在夫家有多辛苦的事，她看起來年齡與我相仿，是年輕的人妻；男方應該是女子的兄長，應該也是哪家店裡的人。女子吃麵的筷子早已放下，話到傷心處，不時嗚咽著聲音。年輕的兄長，看起來也不像是要幫忙出主意的樣子，只是重複著說「要忍耐」。到最後，女子摀著嘴巴的手再也藏不住哭泣的聲音。我當時應該是婚後兩、三年左右，離開父母身邊，開始深刻體會，每天過日子也不都只有快樂的事，也有痛苦與悲傷。

不是看戲，而是真實在眼前上演著別人流淚的場合，我從未經歷。不經意地看見這樣真實又毫無保留的悲傷，就算經過了許多年，也無法忘記。而提到了鯡魚蕎麥麵，雖然也不到誇張的程度，但偶爾會想起，不知道當時的那位年輕女子，現在怎麼樣了。

平山

千枚漬（千枚漬）

北邊的天空出現了巨大的彩虹，那一帶飄起了時雨*，讓山邊染上了七彩的顏色。北山的時雨是京都的名物，而自此開始，也是陸續著手醃漬千枚漬的季節。

漬物店門外擺著巨大的桶子，從桶子上方巨大的刨刀中，落下了一片又一片被削去厚皮、片成薄片的聖護院蕪菁。如同千枚漬的名字一般，削成薄片的蕪菁，就像和紙一般美麗。京都人只要看見千枚漬醃漬的景象，就知道差不多是時候要準備過冬了。

先以鹽將蕪菁斷生，其後再以昆布與調味料等進行正式醃漬。據說自天

*　**時雨**：自晚秋起到初冬，在日本海側中心地區飄下的雨。

保年間就這樣做千枚漬了。另外也會使用壬生菜的綠，以及辣椒乾的紅，做為點綴與配色。

不同商家的千枚漬滋味略有不同，最近不論是哪間店，口味上都有點偏甜，我便自己在家裡試著做做看，沒想到竟然可以做得很好。我的做法是在醃漬時，不使用味醂，改為灑上一點點料酒，如此味道便會更清爽一些。

製作千枚漬時，會將四五片蕪菁片疊在一起，先以縱橫十字切分成四等分，再切十字分成八等分，一片蕪菁分成八片。不知道是誰想出來這種一點都不浪費的切法。

千枚漬是甜的，蕪菁本身也有甜味，當昆布入味之後，趁著蕪菁的顏色還是白時最好吃。醃過頭了的蕪菁會變得蔫蔫的，味道陳了，口感也變差，這種時候，只能撒上一點七味粉勉強地吃一點。

此外，以蕪菁將壬生菜捲起來，切成捲壽司片一樣，切口朝上，用來下酒相當好，可以喝上一盅呢。

在削片時，削到最後剩下半月形的剩料，自家日常吃的千枚漬就買這種邊角料就好，但送人當然要選正經的；自己吃的倒可以節約一點，把錢花在刀口上。而做生意的商家，信用第一，就算是有一點點形狀上的差異，也會當作邊角料賣——如此小小一片千枚漬，倒也可看出京都人的心性呀。

大村

青蔥與地瓜（おねぎとおいも）

將下霜之後變柔軟的青蔥搭配地瓜，加上鰹節或小魚乾的出汁一起煮。青蔥會變得軟嫩，地瓜也會煮得鬆軟。不過這道菜雖然頗受女人家們的歡迎，男子似乎卻是不太喜歡。

某店老闆想起了自身伙計時代的回憶後，對廚房裡的人說：「唯獨這道菜，一輩子都不要讓它出現在餐桌上。」對於本來就不喜歡地瓜的男人來說，必須忍耐吞下肚，應該是因為勉強自己吃下，所以對這道菜產生了怨恨吧。

在京都每日的飯菜裡，不怎麼使用砂糖調味。因為節約惜物這樣的秉性，就算是在煮蔥與地瓜這道菜時也不會加糖。調味就是出汁加點薄口醬油，但是即便如此，咀嚼之後蔥本身也還是帶著甜味，更別說地瓜了，當然也是甜的。材料品質好的時候，自身的滋味就十分足夠，如果加東加西破壞了本來的味道，這樣也是一種浪費。

不僅如此，出汁用的小魚乾，也要選沒有油脂的好貨，用之前還要先乾炒過；鰹節也是，現削現用最為上乘。

九條蔥則是京都特有的蔬菜。據說昔日在東寺的弘法市集一帶，有一大片蔥田。聽農家說栽培蔥要經歷兩年的時間——漫長得嚇了我一跳——秋天播種育苗，到了隔年三月拔起後定植，到了夏天連根拔起曬上半個月。曬完之後只留根部，再一次種下，等到下霜的季節，就會有又軟又甜的蔥收成。看起來很簡單的蔥，沒想到種起來這麼費事。

在京都，該在什麼日子吃什麼東西的規矩不算罕見，相反地，亦有哪些日子不能吃哪些東西的律則。而在弘法大師緣日＊

＊**弘法大師緣日**：緣日是指結緣的日子，不一定是生日或是忌日，也有可能是下凡的日子、升天的日子等。

這一天，有的信眾會絕對不吃蔥，我猜可能因為蔥也算是葷食吧*。

記得不久前，才剛去過弘法市集的年初開市，眼下這一年竟只剩下最後一次的終市了，一年在轉瞬間過完了。街坊間開始了一年一度南座劇場顏見世*、伶人新人換舊人的話題，一年轉眼又到「師走」（しわす，和曆十二月）了。蔥也將在接下來的日子裡愈來愈有好滋味。

大村

***二十一日不吃蔥的典故**：來自傳說中弘法大師（空海）曾在東寺附近爲了要躲避蛇的追趕，而躲入蔥田之中，他的忌日是三月二十一日，所以附近的農家有在每月二十一日這天不要吃蔥的風俗。

***顏見世**：歌舞伎的表演者，以前跟劇場的契約時間是每年十一月至翌年十月，一年一次更新契約之後，會出現新人，京都南座會在十二月舉行新人公演，門口的名牌也會在此前後更新。

莖蘿蔔（くき大根）

時雨落下的季節，白蘿蔔也一口氣變得好吃了起來，此刻也是京都人著手準備正月用的漬物之際。在天氣好的日子，先將漬物用的木桶洗淨曬好；大量購入莖蘿蔔，以冷水將整株莖蘿蔔清洗乾淨。因為水溫凍紅了的手背幾乎沒有知覺，不時要靠到嘴邊呼呼，吹上幾口熱氣暖一暖手。

將葉子與葉子綁在一起，吊在日光充足的屋簷邊上，或者曬衣服的欄杆，日曬吹風，蘿蔔終於蔫了下去，來到可以醃漬的程度。將蘿蔔沿著木桶適當地彎折，塞入桶子中，要塞得沒有間隙，每一層都要撒上鹽巴與米糠。鹽巴的比例大概是蘿蔔的一成，如果要更安妥地醃漬到春天，成為正月時吃年糕湯搭配的漬物，鹽可以再多加一點；米糠的香氣也很足，吃的時候將蘿蔔切成條狀，漬成玳瑁色的葉子也切碎放一些在上頭。

天氣好的日子，我會在屋內的障子門邊做點針線，曬在屋簷下的蘿蔔被風吹拂過，發出的聲響就像是有誰在低聲交談般，那是葉子漸漸被曬乾的聲音。每每聽到，就會忍不住想起自己的少女時代，娘家屋子的後方土牆邊上，長年曬著白蘿蔔……白蘿蔔醃漬完之後，餘下的葉子會用稻草繩捆好也吊起來曬，這些葉子會隨著日曬變乾，每當冷風一吹，就會發出乾燥的聲音。乾燥的白蘿蔔葉是冬季午餐的菜色。將用水泡發後呈茶黃色的葉子與小魚乾一起煮，好像在吃被太陽曬枯的葉子的味道……這是我最討厭的菜色。曬過的白蘿蔔葉在京都被叫做葉蘿蔔（のきしぶ），名字雖然挺好，但是至今我仍不會想要動手做它。

長莖、莖蘿蔔，在京都松崎一帶栽種，長約二十到三十公分，末端粗大帶著一點尾巴。在中京區一帶，還有一種叫做桃山大根的白蘿蔔，也用來製作漬物。而現今因為種種緣由，據說這兩種蘿蔔都已經沒有量產，只有為了品種保存目的而少量栽培。

平山

柚子米香（ゆうのおこし）

茶梅盛開之際，告示著冬季的到來。空氣中瀰漫著難以言喻的暗紫氛圍，而蔬果店裡擺放的橘子也黃澄澄一片。

十一月是火焚祭的日子。孩提時代，御火焚（おしたけ）、火焚（おしたき）這些十分親近卻也不明就裡的祭典，是我們滿心期待的重要事件。伏見稻荷神社的火焚祭最為有名，不論是哪間神社、商家，乃至商店街裡的居民，都會一定程度地焚燒護摩木。一般來說在二十八日舉行居多，並且時間一定是在午後。

準備的三種供品中，一定會有的是紅白饅頭。橢圓形的饅頭，皮上會燒印「火」的象形文字，裡面包著帶點鹽味清爽的紅豆餡，價格便宜且味美。形狀不是上用饅頭那種有點高度的腰高，而是扁扁的形狀。時間一到，不管哪間菓子店裡都會雅致登場。

再來是柚子米香。為了感謝一年的豐收，將新米炒過後，以糖固定成形，最後點綴上柚子香氣的供品，形狀是有稜有角的三角形。

最後的是橘子。供過神之後，在燃燒堆放成井字護摩木時，一起丟進去焚燒，以此表達感激之意，感恩這一年也不受火災侵擾，家宅平安。一邊品味著今年和平度過的幸運之際，一邊目送著熊熊的火焰，長輩們會莊重地雙手合十：「承蒙您的照顧，得以日日平安，萬分感謝。」

湯葉店、豆腐店、酒造、味噌店、料理店，這些每天工作都離不開火的商家，虔誠敬拜，大老闆娘們更是認真地對待這個日子。

孩子們就只是歡鬧地搶著從火堆中以棒子扒出來、膨脹成塑膠球般的烤橘子。孩子們的臉誇張地擠在一塊兒，一邊說「保佑我不要感冒」，一邊吃這樣的橘子。又甜、又酸，還帶著微微苦味，那是火焚祭的滋味。

輕煙裊裊升空，紅葉的顏色也將褪去，冬季即將到訪的天空下，孩子們會將這些撤下的供品以拖盤裝好、分送至鄰家。這個以紅格柵妝點的街道，一天又過完了。

今夜，應是時雨飄落，遠方雲霧飄渺不見西山。

秋山

糜粥（おじや）

以小小火煮粥、以微微火熬糜粥，心意滿滿地煮。所謂的糜粥，不似雜炊一般會放藥味，而是加柴魚花，將米飯煮到糊爛，給小孩吃的離乳食品。「唉呀～可愛的寶寶，要快快長肉肉啊！」小臉頰隨著成長愈來愈沒有奶香味，京都的寶寶吃糜粥長大。媽媽們做這給哺乳期的寶寶當離乳食品。

將冷飯直接放入煮沸的水中，以微微火煮到冒泡。以名為雪平的單柄厚土鍋煮，煮到米粒膨脹後，以薄口醬油調味，最初僅以若有似無程度的鹹淡調之，最後將米飯煮至糜狀。順帶一提，雜炊是將熱飯以水洗去黏性，保留米粒完整，快速地煮好，這是糜粥與雜炊之間的差異。

隨著孩子愈長愈大，糜粥中米粒的形狀便可以保留愈完整，調味也可以漸漸趨於正常。雞蛋則在熄火之後隨即加入。

媽媽會故作浮誇地張開嘴，對著洋娃娃似的可愛寶寶，邊說「啊～」邊餵他們，就算是在一旁看著的人也都感染了這份開心。「餵奶的媽媽常見，倒是沒看過人家給寶寶喝茶的。」長輩邊說著這樣的話，邊餵寶寶喝番茶。

從一點點的小寶寶，長到現在這樣大的大人，不管過了多久，都會覺得這糜粥就是乳汁的滋味而銘記於心，如同母親懷中般的溫暖。有了這層念想，不論何時，糜粥都令人感到快樂。

街道上腳步聲顯得局促，寒冷的感覺益發深刻的夜晚，做完家事後來點暖呼呼的糜粥，打從心底溫暖了起來。昆布出汁賦予的濃郁滋味，是適合大人吃的口味。不要過度攪和它，煮得爽口一點，帶著一點出汁顏色的糜粥顯得更暖和了。糜粥這道菜，在愈寒冷的夜裡，愈讓人覺得懷念。

大村

十二月

◉八日———針供養的日子，這一天要煮蒟蒻。在以前，流行將斷掉的針插入蒟蒻中放水流走。

◉冬至———這一天吃的南瓜味道不是太好*，不過聽說可以預防中風。

◉三十一日——大晦日（我們不會將這一天叫做晦日），感謝這一年也平安度過，這一天吃了晦蕎麥麵（つごもりそば）後，就會莫名地感到放心。

*南瓜是夏天的蔬菜。

蒸壽司（むしずし）

南座劇場門口前，顏見世、伶人名牌換新的第一天是為朔日。一直到這兩天為止，天氣總不穩定，心裡一邊揣測「會不會下雨呢」，結果卻放晴了，而雨水又在不經意間無聲地落下……時間到了十二月，初冬特有的時雨又變成霙——夾著雨水落下笨重的雪。大片大片的牡丹雪，飄落到路面後隨即消失，並不會積雪。雖然落下的雪雨隨即消融，不見蹤跡，但路面因而弄得四處濕答答的一團狼狽。北風自比叡山吹落，京都街景開始了日復一日的低溫清冷。

突然放晴的日子，更顯得寒冷。行走在街道上的人們，不由得將身體縮成蕨菜一般，加快腳步行進。在這個季節裡，壽司店賣起了蒸壽司。當店門口擺著的蒸籠開始冒出蒸氣，就是通知大家「蒸壽司開賣囉」的訊號。

生魚吃法雖然能直接享用鮮魚的美味，但如果是握壽司的話，那可是能把牙給凍涼的低溫。在冷得讓人難受的京都，熱熱的蒸壽司，真的是一種非常體貼的美食。

蒸壽司大多以「錦手」的華美蓋碗盛裝。打開蓋子後，加熱過的醋味撲鼻而至，挺嗆鼻子的。醋飯的上方，會鋪上滿滿一層蛋皮絲，味濃甜鹹的佃煮香菇、穴子魚、蝦子、粉紅色的魚鬆之外，還撒了綠色的豌豆仁，醋飯裡夾著一些只有蒸壽司才會放的木耳絲。佃煮香菇的煮汁滲入醋飯中，整道菜就是帶著甜甜的滋味。蒸壽司給人一種熱鬧的感受，與顏見世閃耀的舞台有異曲同工之妙。曾有位來自東京的友人和我說，不知道在何處見過一次正裝打扮的舞伎，而這蒸壽司就像是舞伎一樣華美。

在突然間變得好冷的日子裡，如果有突然到訪的客人，我一定會急忙趕到附近的壽司店預訂蒸壽司。在壽司送來之前，動手煮湯，有了湯看起來就豐盛許多。

一群親密的女性朋友，許久未曾如此齊聚一堂。情緒高昂地高聲聊著，毫不矯作地歡鬧著，到最後果然肚子又餓了起來。也不知道是誰說了句：

「要不來吃蒸壽司？」

是這樣的京都初冬啊⋯⋯。

平山

關東煮（関東煮）

白蘿蔔、蒟蒻、飛龍頭、烤豆腐、小里芋、竹輪、炸牛蒡天婦羅、章魚……還有其他許多許多一起煮的關東煮。讀音不叫做關東煮（かんとうに），而是叫關東炊（かんとだき）。總之就是指黑輪（おでん）。

行經川端路邊的關東煮攤，看到被攤車暖簾蓋著頭、站著吃關東煮的客人身影，就會忍不住有種幸福的感覺。關東煮不是什麼需要細細品味的優雅食物。反而得要張大嘴巴、一口接著一口吃，才有滋味。只要到了白蘿蔔美味的季節，任誰家都能簡單地做關東煮這道菜。

將白蘿蔔切成厚厚的圓片，先燙一下，晾著備用；不管是哪一種材料都要切得大塊一點，小里芋或馬鈴薯也都燙過，蒟蒻用熱水煮一下；最後炸物以熱水淋過，去油備用。這些事前的準備都完成了，最後只剩下耐心即可。

昆布與鰹節的出汁準備多一些，取完出汁的昆布，繼續與其他材料一起煮。一開始先放蔬菜還有豆腐類的材料，煮好之後，加入味醂、料酒、砂糖、薄口醬油，味道調得淡一點。糖不用放太多，因為接下來要放入的竹輪或天婦羅類的材料，會帶來相當程度的甜味。

接下來，除了章魚以外，其他所有的竹輪類統統放進鍋中，出汁沸騰之際，味道就會十分均衡。最後將事先已經煮過很久的章魚，要吃的時候稍微煮一下就好。

關東煮的成敗，吃了烤豆腐之後隨即知曉。豆腐如果十分入味，大抵其他的材料都會好吃。

一到師走後，家中上下就要開始忙碌了起來，此際連煮頓飯都沒太多餘裕，身為主婦又非煮不行。這種時候，關東煮只要材料處理好，剩下的就擺鍋裡，在這種忙碌的季節裡特別特別有幫助。不僅如此，應該沒有人討厭關東煮吧，只要準備好黃芥末，佐以一壺酒，家中的男子便會滿面笑容，軟呼呼的食材給老人家吃也好，孩子們亦然，一家老小圍著鍋子歡樂地大快朵頤。

大村

鰈魚（かれ）

東山山頭綿延相連的顏色，隨著時序日日改變著。在晴朗的早晨，顏色一口氣轉深了。時序入冬後呈現葉子枯朽的顏色，當山巒間飄過雲霧時，美得令人目眩神迷。

深秋之後、入冬之前的京都極美，此刻也是鰈魚美味的季節。鰈魚（かれ）就是指鰈（かれい）。當帶來北山時雨的風，吹過枯葉落盡的樹梢時，以薄鹽醃漬的鰈魚就會變得乾爽，不僅味道變好，魚肉也變得緊實。

形狀類似竹葉、身體白色的是笹鰈（ささがれ）。在魚身上縱向劃上花刀，兩面翻動，小心不要烤焦，最後將頭、尾、魚背鰭都去掉，讓魚肉可以輕易地與中骨分離。完整取下的魚骨形狀就像是相連的葉脈一般。那魚肉滋味實在是太輕盈、太雅致，令人連吃下肚都覺得惋惜。

松葉鰈魚的形狀是菱形的，魚肉厚實，油脂豐富。施以薄鹽，去皮之後料理。

魚身黑色那一面是朝上（不知道是不是因為在一直橫躺在藍色的海底之故），如果將兩條魚面對面貼合，位於右側的眼睛，看起來像是睏極了的樣子。將正面黑色、底面白色的魚皮，從尾巴「咻～」一口氣剝下，將滑嫩滑嫩的魚肉烤一烤，厚實的魚肉便會開始冒油，滋滋作響，當魚肉變得如杉綾織布面般略帶咖啡色，就是可以開動的時候了。

兩面拍上一點麵粉，油炸至酥脆，淋上一點檸檬汁，也好吃極了。

此外，取下的魚皮也不要浪費，一邊將魚皮攤開一邊炙燒，最後將燒好的魚皮揉碎，撒在熱騰騰的白飯上，充滿了醍醐味。

這些在若峽海邊捕獲後，施以薄鹽保鮮的魚，真是京都人之所愛。恰到其分的鹽味，烤至恰到好處的香酥，下酒好，做為下飯菜也好。

寒椿盛放之際，宗八鰈、水鰈魚等都變得肥美，不過這些都是下飯菜，味道比較重。

新鮮的鰈魚切成片後，或烤或煮，調成甜甜鹹鹹的口味，很受長輩喜愛。

在冬季到來時，也請嚐嚐這像是飄落海底落葉般的鰈魚吧。

秋山

蒟蒻（おこんにゃ）

地瓜、章魚、南瓜、看戲、蒟蒻——這些據說是女子喜好的東西。原來如此，說得真好，其中更以蒟蒻與女子有極深刻的淵源，乃因蒟蒻是「針供養」那日要吃的菜色。

京都的針供養，是在十二月八日這天，在這個日子裡，會將日常收集起來、因縫製硬物而折斷或彎曲的針，插在軟軟的蒟蒻上，感謝它們的辛勞。老一輩的人也有會將其帶至河邊放水流走的習慣。

也不知道為什麼，在煮蒟蒻的時候，要先在砧板上面反覆敲打後才切開。將蒟蒻切成小塊，全部一次用熱水燙好，接下來以鰹節、料酒、味醂少許、糖少許、薄口醬油煮至乾爽；也可以放點去了籽的辣椒乾，帶點微微刺激的味道，適合大人。和白色的蒟蒻相較之下，顏色略黑的田舍蒟蒻比較好吃。

此外，以小酒杯或湯匙，將蒟蒻挖成不規則的塊狀，先乾炒，再加一點生醬油炒一下。這樣的做法會帶著醬油的滋味與香氣，最後撒上一點一味辣椒粉或七味粉，很適合用來下酒。

女兒家開始學女紅起，在針供養這一天，會被邀請到老師家吃飯，愉快地度過一天。菜色會備有壽司或者關東煮等，還有紅豆湯，齊聚一堂歡快的談笑聲，在門外的格柵處都可以聽見。而最後配飯的，一定會是「卷纖汁」（けんちん汁）。

將削成細竹葉片狀的牛蒡、胡蘿蔔、小里芋、白蘿蔔、碎豆腐，這些材料統統用油炒過，最後加入清湯做成的就是卷纖汁。

八日這一天（臘八），據說是釋迦牟尼佛成道的日子。為此，在僧侶修行的道場會從一日起至八日的日出前，不眠不休地進行名為「臘八大接心」的坐禪活動。由於這段期間進行著十分嚴峻的修行，所以信眾們會替僧人們準備菜飯吃食等。

十二月真是一個忙碌的月分，想起愈接近年尾愈多的繁瑣諸事，不禁自我勉勵一下，提起精神來吧！

大村

白蘿蔔（おだい）

一到冬天，花店與蔬果店就顯得格外好看。就算頂著十二月的寒風，縮起了脖子快步通過，經過店門口都還忍不住瞧上幾眼。

白蘿蔔出現在蔬果店的攤子上了。圓潤修長、潔白水嫩，就像發著光一般。橘子、蔥、胡蘿蔔、白菜，其間還點綴著蘋果，和看起來很笨重的白蘿蔔整齊地疊放在一起。

如果要連湯一起吃，那「淀」這個地方產的「丸大根」是最好吃的。這種蘿蔔就像個排球一樣大，切成大塊，直接鋪在鍋子底部，加點薄口醬油，煮成清爽的滋味。因為這種蘿蔔不苦，不需要先煮去雜味，直接下鍋更有滋味。細心地將浮末撈除，加柴魚花，不要等到煮過頭才吃。如果要加入油豆皮，需先將其去油，等到蘿蔔煮軟最後才放，就是京都風、滋味清爽的一道煮物。味道煮得清淡，吃的時候可以搭配柚子味噌、白胡麻味噌，厚厚地淋上一層做成「風呂吹大根」（ふろふき大根）也別有一番滋味。

如果是要慢慢地燉到內外都軟和，當然就用「長蘿蔔」（長大根）。切成厚厚的圓片，隨意搭配昆布、蒟蒻、小里芋、油豆皮、魚漿丸子、竹輪等，用小魚乾加上味醂的湯底燉煮。調味以薄口、濃口醬油，很適合當作下飯菜。而京都的了德寺，有一種為了要「預防中風」專程煮蘿蔔吃的習俗。在十二月九日與十日這兩天，以巨大的鍋子燉煮蘿蔔，分給信眾食用，稱為「鳴滝大根炊」（鳴滝の大根たき）的活動。

不論是漬物，或是用來搭配刺身的蘿蔔絲、味噌湯的料、白蘿蔔泥、蘿蔔乾等，在天氣冷的季節裡，餐桌上的白蘿蔔幾乎沒有一天缺席，這樣想來，那真是與我們的日常十分親近的一種食材呢。

我最喜歡的是「霙汁」（みぞれ汁）。將白蘿蔔磨成泥，以布巾包妥後擰除水分，擺在湯碗中，海苔稍微烤過後捏碎也放進去，最後加入滾燙的清湯。不論是再加點土雞肉、生麩、蕨菜或是味噌湯，放進白蘿蔔泥，意外地會變得很別緻。白蘿蔔泥在湯中散開的模樣就像霙，故此得名。

……不是雨天，也沒有下雪，自格柵門外鑽進來細細的光，在這種想避開冷菜的日子裡，日落時分一到，就分外地想吃白蘿蔔呀。

秋山

堀川牛蒡與金時胡蘿蔔（堀川ごんぼと金時にんじん）

京都特有的冬季蔬菜，有聖護院蕪菁、聖護院大根、中堂寺大根、九條蔥、壬生菜、酸莖等，都是京都特有的冬季蔬菜。對了！還有堀川牛蒡。

自豐臣秀吉死後，府邸所在的「聚樂第」一帶因此沒落，而圍繞其外的護城河，也變成鄰人丟棄垃圾的場所。某日，等到大家一回神，牛蒡自然地長了出來。長成一種特別粗大，但中間空心的牛蒡。以地名為其命名，就叫做堀川牛蒡，或聚樂第牛蒡。

在堀川牛蒡空心的地方填進土雞肉或魚漿，以湯汁煮軟，將吸附了好滋味的牛蒡切片擺盤，就會是一道精緻的菜色。

在做「根菜雜煮」（煮しめ）時，將切得厚厚的牛蒡，單獨加入柴魚花煮至乾爽。雖然外表看起來厚實卻也不可思議地柔軟，而且還保留了口感。雖說一開始僅以水煮，等到軟化後才加入柴魚花調味，但是一邊煮時，牛蒡的香氣也一邊飄散出來了。

煮根菜雜煮時，金時胡蘿蔔也是不可或缺的材料。金時胡蘿蔔是在「上鳥羽」一帶栽種，外表非常豔紅的一種胡蘿蔔。我猜應該是因為像金時紅豆一樣豔紅而得名的吧。那鮮豔的程度會讓沒見過的人倍感驚訝。金時胡蘿蔔也用柴魚花煮，入口不僅柔軟，口感也很好。

這種金時胡蘿蔔也可以用來做炊飯或「粕汁」（かす汁），過年用的醋漬紅白蘿蔔有了它，顏色更為鮮豔。鮮紅的顏色十分亮眼，相較於平日吃的西洋種胡蘿蔔，更是別有一番風情。

在蔬果店的攤子上，青菜的綠、蘿蔔的白，還有胡蘿蔔的紅色……當蔬菜店開始像是花店般五彩繽紛時，那就表示冬季到訪了。而對於掌勺的主婦們，更是一個食材有很多選擇的季節——連胡蘿蔔都有多種選擇的可能。

不過近來，堀川牛蒡愈來愈少了。不僅是栽種的人，連可以栽種的地方都愈來愈少，聽說現在僅在洛北的一乘寺一帶栽種了。這個牛蒡興許是已經與我們的日常生活無緣，儼然成了高級料理中的珍稀食材。

好想能夠讓這個在京都土生土長的牛蒡，再一次成為家中的日常菜色。

大村

鯛魚煮蕪菁（たいかぶら）

迷失在初次到訪的地方，找路找得有點疲倦。方才還晴朗的天空，一轉眼顏色陰沉了下來，該不會等等黃昏時分要下起雪雨了吧。

織布機的聲音從道路兩旁小小的民宅中傳了出來。此地是屬於和服的街道——西陣。在紅色格柵的民宅之間，路旁交錯著被供奉的地藏菩薩像。細窄的道路彎彎曲曲，走著走著有點累了，不經意地抬頭，看到了長得很好的橘子樹。又或者那是柚子，也可能是橙子……在濃綠的樹葉中，長著結實累累、鮮美圓潤的果實。

我抬頭仰望這美好的景色時，肚子突然間餓了起來。於是便急急忙忙地趕回家。

煮鯛魚蕪菁時，腦子裡一直想著那些豐美的果實……接著，又想到那個到最後也沒能找到的人與事。

使用新鮮並且尺寸大的鯛魚頭，搭配切成大塊的蕪菁，做成鯛魚煮蕪菁的土鍋料理，起鍋時加點柚子，便是一道充滿柚子香氣，且屬於冬季的京都料理了。

切成適當大小的鯛魚頭塊，以熱水汆燙過備用；蕪菁除了皮以外，本身沒有粗的纖維，所以只需要將外層的厚皮削除，切成三公分見方左右的大塊。

上桌前，為了不讓蕪菁在加熱時形狀被破壞，會先將所有直角的切口都倒角削圓，下鍋之後煮至保留一些硬度就熄火。將煮蕪菁的湯汁留下待用，是煮這道菜的訣竅。

出汁中加入薄口醬油、砂糖、料酒，以及少許的濃口醬油，煮滾後放入魚頭。將煮魚的湯汁，取出一半，加入方才煮蕪菁的湯汁，最後以薄口醬油調整味道，以這個調整好的煮汁，溫柔地將切成方塊的蕪菁煮至入味。將蕪菁煮到吸飽了鯛魚的滋味，而顏色也不過濃的程度，需要花費一點心思。

最後將分別煮好的兩種材料，放入土鍋中組合，最後放上切成細絲的柚子皮。趁熱吃，也可以依照喜好，擠上一點柚子汁。

顏色透亮的蕪菁，滿室芬芳的柚子香氣。一打開土鍋的蓋子，彷彿放鬆抒解了這個師走月分中，忙碌不堪且疲累的某日。

秋山

湯豆腐（ゆどうふ）

京都比較老的民家院子裡，不知何故常見到棕櫚竹。四季常綠、葉子薄薄的，在潮濕陰暗的土地上也可以長得很好。

專賣友禪染與西陣織等的京都和服店裡，栽種的棕櫚竹特別令人歡喜。在看過許多色彩鮮豔的和服而感到疲累的眼睛，院子裡的綠色特別使人療癒。

而這種棕櫚竹的葉子，如果不停地發出「颯拉～颯拉～」的聲音，就表示要下雪了。那是預告著即將飄雪的強陣風。

這風會吹動暖簾，將洗手盆的水凍結；會從老舊的障子門縫穿過，吹進家裡的房間。

一旦鑽進暖桌裡取暖，再想出來做點什麼事便格外覺得冷。晚餐就做點快速簡單的菜色，煮湯豆腐吧。便宜又省事，而且只需要在門口等，豆腐便會送上門。京都的豆腐應該是特別好吃。這裡自古就有很多寺廟，而在寺廟附近一定會有代代相傳的豆腐店。據說豆腐的好壞跟材料——大豆與水——有關。

吃湯豆腐的時候，一開始可以沾調味醬油。調味醬油的做法是，將取得濃郁的鰹節昆布出汁，加入薄口與濃口醬油，最後加入味醂調味。顏色不要過深，甜味也不要過甜。將此調味醬油多裝一點在小缽裡，煮好的湯豆腐便沾著這個吃。

接下來亦可佐以藥味。第一種藥味是洗過的蔥。就算是因為天寒，葉子前端都枯掉了也還是非常柔軟的九條蔥，切成細細的蔥末以水洗過。

第二種藥味是「紅葉泥」（もみじおろし）。紅葉泥是將去掉籽的辣椒乾

塞進長大根中，一起磨成泥，口味帶著一點微微的辛辣。湯豆腐也可以用烤過的淺草海苔揉碎後搭配著吃，佐以煮過的鰹節或是七味粉、一味辣椒粉，又或者沾點柚子味噌、胡麻味噌都很好；搭配薑汁、芥末泥、熱熱的生醬油，也都十分清爽可口。

在土鍋的底部鋪上昆布，注入出汁，放入切成塊狀的豆腐之後加熱，等豆腐慢慢浮起來，就可以舀出來吃。小心不要煮過頭讓豆腐穿孔。有些人家會加入少量的葛粉芡水。

熱氣氤氳了玻璃窗，窗外的天色已經全然暗了下來。只有風吹樹葉的聲音，傳來「颯拉～颯拉～颯拉」的聲音……。

南瓜（おかぼ）

冬至這一天要吃南瓜的煮物。而這個南瓜，從夏末就懸吊在廚房的天井。那是因為以前的時代不如現今，在冬季也能買到夏季蔬菜的緣故，而特意在產季留下來，等到冬至時用的。

過季的南瓜，早已失去了夏天時那樣的甜蜜，變得濕黏而味淡，再沒有什麼比它更難吃的了。就算是這樣，但因為聽說在冬至這天吃南瓜的習俗，可以預防中風，所以就算是討厭，也還是得不情不願地吃掉。除此之外，在我幼小的心靈中，有著一種「只要吃了這南瓜過年也就要到了」的快樂，吃完就可以開心掐著手指等待正月到來。

煮冬至南瓜時要加上很多砂糖，煮成甜甜鹹鹹的味道。雖然說加了糖調味有點取巧，但是比起在冬至這一天吃南瓜可以吃進好運氣的說法，更重要的是，如果不在冬至吃點南瓜，總讓人覺得哪裡不舒服。

此外，在冬至還要吃七樣字裡面帶著兩個「ん」的東西。南京（なんきん，南瓜的別稱）以外，還有胡蘿蔔（にんじん）、蓮藕（れんこん）、銀杏（ぎんなん）、金桔（きんかん）、寒天（かんてん），還有最後一樣是烏龍麵——據說過去也有人把烏龍麵（うどん）叫做うんどん。其典故出自於一句俗話：「人如果『運』（うん）、『根』（こん）、『鈍』（どん）三樣都具備了，方才有出人頭地的可能。」受ん字的影響，「運」是指好運氣，「根」是指根性也就是有堅忍、有毅力，而若沒有「鈍」可不行，是指慣性半途而廢的相反。

「冬至的前十天，不僱用無心做事的人」，有此一說。新年正月的準備，自十三日「事始日」這一天，確實地按部就班進行，讓人異常忙碌。冬季的太陽早早下山了，連貓咪的手都想借來用的這般忙碌，如果沒有專注留心於眼前的工作，很快一天就又過去了。而到了二十日，被稱為「最後的二十日」（果ての二十日），如果是遵循古禮的人家，到了這一天，都會稍稍停下配送年終禮物與準備迎春等的活動。據說從前的這天是罪犯砍頭行刑的日子，「今天是最後的二十日，不要出去，留在家裡就好。」祖母的叮嚀猶言在耳。

過了冬至之後，從天亮開始算，太陽的影子以每一日遲過一格榻榻米網目的時間下山，光是想起，心情就特別放鬆，可以舒舒服服泡柚子澡＊。泡柚子澡也有預防感冒、腰腿利索，日常累積的疲勞可以一點一點得到緩解的意涵。眼下需要專心一致把事情做好，大掃除的工作也剩下最後一擊，這些都是新年前家裡最重要的事。

＊**柚子澡**：日本冬至有泡柚子澡的習慣。

大村

晦日蕎麥麵（みそかそば）

在跟店家預訂大晦日這天要吃的蕎麥麵時，當時還是小學生的孩子們，常會把「比較想吃拉麵」這句話掛在嘴邊，彼時正好也是拉麵開始流行的年代。而每年總要被孩子們問上一次，「到底為什麼要在這一天吃蕎麥麵呢」這樣的問題。

「我不知道為什麼要吃，反正大晦日這一天就是一定要吃蕎麥麵。」這是我的回答。

從很久以前開始，蕎麥麵就是每個月的最後一天要吃的食物。做金工的或是家中需要用到金粉的人家，會撒上蕎麥粉，用來收集工作中四散飛濺的金粉，取其可以聚財的意涵。所以聽說做生意的人每到月底那天，一定會吃蕎麥麵。

這段期間，在中京區的盤商號會僱用很多人。大晦日這一天，更是從小伙計到總管從早到晚一刻不得閒，忙得沒有時間坐下來。打烊之後，大家還要清洗玄關的地面，將前後出入門底下的軌道用抹布擦乾淨，到了終於可以喘口氣的時候，差不多都已經是晚上九點、十點多了。這一晚，可以盡情地吃蕎麥麵。規模大的店家，據說會準備將近一百份的蕎麥麵。我們家的蕎麥麵是我在家裡先做好，仔仔細細、鉅細靡遺地將分量計算清楚。真不愧是京都的大商戶人家啊。現在已是白髮蒼蒼的某位長者，回想自己小伙計年代的事，說是等到可以吃上一口大晦日蕎麥麵時，早已是肚子餓到說不出話的程度，可以一口氣連吃五碗、十碗蕎麥麵。

忙到沒有時間可以坐下的一天終於結束了，回到家打掃乾淨後，我一屁股鑽進了暖桌裡。隨著夜晚愈來愈深，一年終於結束的安心感，不僅身體放鬆，連心情都得到了抒解。細細品味著那些永遠都想緊緊留在心裡的幸福回憶，梳理著那些再也不願想起的苦楚經驗，我們每個人都隨著時光流逝而載浮載沉。突然間，在悄然無聲的暗夜裡，聽見了不知道是什麼正移動著的聲音……這個聲音我每年都會聽見，一次一次又一次，隱隱約約，我想這一定是舊年離去的足音吧。

除夕的鐘聲開始響起，那是八坂神社的白朮參拜（おけらまいり）＊。吃過了晦日的蕎麥麵，一直到新的一年到來為止，我都會這樣醒著。

＊**白朮參拜**：八坂神社除夕的儀式，詳見〈年糕湯〉，頁一四八。

平山

一月

◉元日——繪有家紋的膳台與四件一組的漆碗，以白味噌年糕湯慶祝新年。

◉三日間——不論是睨鯛魚或是大福茶，每一種都是帶著節慶吉兆的菜色。

◉四日——鏡開日，水菜雜煮。

◉七日——七草。七草粥。

◉十日——十日要以綁著紅白彩繩的鯛魚供奉惠比壽神。

◉十五日——小正月。紅豆粥。

◉二十日——這天稱做骨正月，以鰤魚或鮭魚的魚雜煮白蘿蔔吃。

年糕湯（おぞうに）

京都的年糕湯是加白味噌的。因為要供神，所以材料會避開葷食。使用昆布出汁，年糕湯中的材料有圓形的小年糕、頭芋（おかしら）、雜煮大根（ぞうに大根）、小里芋。所有材料都處理成圓圓的形狀，取今年圓滿、不與人相爭、可以出人頭地之意。

女人小指頭般纖細的蘿蔔，四五根捆成一束的就是雜煮大根，去掉葉子，切成薄片備用；厚厚地去掉頭芋的外皮；小里芋長得比較小，不需要切。新年早晨三天要吃的材料，趁早在三十日太陽下山前，又或者至晚在大晦日這天之前，蒸熟或水煮熟後，裝入新的笊籬，蓋上新的布巾，收進菜櫥。

鰹節也事先處理好，前一天刨成柴魚花備用。家中放寒假的孩子們，大抵都會被當小幫手使喚。將刨鰹節的木盒子交給他們，還在叨絮地交代要刨得又細又薄，孩子們早已開始動手刨柴魚花了。在元旦這一天將年糕煮好，裝進漆碗，上面撒著這些刨好的柴魚花。

大晦日的晚上，冷得就像是要結凍般的夜晚，一定會去八坂神社參加白朮參拜。在人潮湧動中拿著以白朮製成的細細長長的火繩，來到神前焚火的燈籠中取火種，白朮製的火繩點燃之後，將繩子拿在手上套繩似的轉圈圈把火帶回家。一路上，除夕的鐘聲響徹四方。繩子帶回家之後，會掛在廚房出入口的暖簾上，或者掛在水井裡，用以保佑預防火災發生。

元旦一早則會去提今年的第一桶水，敬拜四方的神明，以昨日取回來的火種恭敬地生火，煮年糕湯。堅守著戰前固有的習俗，這些是家中男子要做的事。

忙完這些儀式之後，快速地做點昆布出汁，放入白味噌。淺黃色的白味噌，淡淡散發的光澤、淡淡的甜味……如果自己讚嘆真不愧是京都的味噌，連顏色都如此的淡雅，可能會被取笑說，這不就在自誇著家裡做的味噌嘛。雜煮的湯要類似漿狀那樣又濃又稠，所以在加入味噌的時候一定要先過篩。

年糕湯的湯汁煮好了，就將頭芋、蘿蔔、小里芋擺進鍋中，稍微讓味道彼此融合一下。而年糕則以另外的鍋子慢慢煮軟，要吃的時候才擺進去。

男生用的是內外皆為赤色、女生的是外黑內赤，繪有家紋的漆碗。對了！只有元旦早上吃的年糕湯裡面才會加入頭芋喔。

秋山

三種（三種）

田作（ごまめ）、胡麻牛蒡（たたきごんぼ）以及鯡魚子（かずのこ），這三樣菜色，被稱做「三種」。正月時要吃的根菜雜煮，每家每戶成品內容各異，但是這三種不管是哪戶人家都一定是一樣的，做好之後裝入新年用的「重盒」中。然後將柳木筷裝進寫有「組重」的筷子袋中，跟重盒擺在一起。

雜煮要在天未亮、天色還昏暗的時候吃，不論什麼事，只要天一亮，似乎那隻背負著不祥的鳥就會飛過來——破曉前被稱做「鳥還沒飛來前」（鳥の渡らぬうち）——新年祭神的儀式是在清靜的暗夜中進行。而年糕湯所象徵的祈願，也要比日常更加恭謹，或許是因為祭拜神明的蠟燭，拖著長長的搖曳燭影，讓這一天的清晨更顯莊嚴肅穆。

在一人一份的祝膳前方，會將裝有料理的重盒、鹽烤鯛魚，還有大福茶先準備擺放好，由一家之主，將重盒中的「三種」取分到每個人面前祝膳台上的小碟中。而重盒中還有其他菜色，例如海老芋煮棒鱈魚、黑豆，以及茨菰、胡蘿蔔、蓮藕、牛蒡、蒟蒻、烤豆腐的煮物等，都漂亮地裝在重盒裡。

田作這道菜所使用的日本鯷魚乾，要帶著青色光澤的才好。魚乾先乾炒過再加入砂糖、醬油，也可以加上一點切成小圓片的辣椒乾，炒得甜甜的。要小心不要把魚乾的頭弄掉了，新年要用的東西可真是一點都不能鬆懈。

胡麻牛蒡的做法是，將小指頭般粗細的牛蒡，事先用菜刀刮去表皮，切成四公分左右的長度。比較粗的部位，縱切兩半，泡水一晚，煮的時候先燙過。這道菜吃起來發出爽脆的聲音才好吃。將磨過的白芝麻、醋與醬油調好之後，趁著牛蒡還熱時拌在一起。依照各家習慣，也有人不放醋的，僅用薄口與濃口醬油調味。

鯡魚子要提早泡在水裡去鹽，清乾淨表面的薄皮。都處理好之後，剝成小塊以味醂跟醬油調味，最後撒上柴魚花。不過如果是以鹽漬的生鯡魚子（生の塩子）做這道菜，比較沒有澀味，也很受歡迎。

懸掛在廚房天花板的惠方棚＊上，擺著令人歡喜的壓歲錢，又或者是受了初春充滿朝氣的氣氛感染。年復一年，家家戶戶都會在新年做一樣的菜色，祈求家中老小無病無災，在新春裡祈求著「沒事就是好事」的心願。

大村

＊**惠方棚**：祭祀歲德神的專設神龕，懸掛在天花板的梁上，有一年一度設置的方式，依地域不同，亦有通年常設的。

鹽烤鯛魚（にらみだい）

鹽烤鯛魚，我們叫做睨鯛魚（にらみ鯛）＊。一整尾鯛魚，頭尾完整，顯得精神挺拔，在魚鰭抹上鹽巴就好像化妝一樣。一家人團聚慶祝新年的料理中，在中間擺上鹽烤鯛魚，是非常喜慶好看的菜色。新年的三日期間，會當作慶祝的象徵置於桌上，等到吃完年糕湯收拾餐桌時，便端到廚房的冷暗處收好。第四天開始才可以拿來吃。總是覺得以前的人為什麼不趁最好吃的時候吃掉呢，小孩子只要把筷子伸過去就會挨罵。

我也漸漸開始覺得麻煩，新年時就不再準備這道菜了。這

＊**睨鯛魚**：無論關西或關東節慶時的慶祝食物之一。通常叫做「祝い鯛」。新年三日期間不能吃的習慣也是關西特有的風俗。關於其名稱由來已不可考，但「睨」字與中文意思相同，都是斜眼看之意。嚴格來說並無關連，但是卻與擺在桌上只能看不能吃的實況，有不謀而合的趣味。

兩年一到歲末，大家十分忙碌的這段時間，就會看到鮮魚店的攤子上擺了許多鹽烤鯛魚，好像是接到訂單之後才開始烤。這些鯛魚中，也不乏有從眼睛下面開始算至少有一尺長（三十公分）這般碩大的鯛魚。我總是忍不住要想著，會訂購這種大鯛魚的人，想來應該是十分想討個彩頭，又或者是收入頗豐吧……根據鮮魚店的人說，也有不等到第四天，在元旦一早由當年為本命年的人先動筷子，之後大家就可以開動了。現在有這樣做法的人家，似乎亦不在少數。

我也曾聽某位大嬸跟我說，「小時候一人會有一尾鯛魚，一樣也是在新年的三天中，父母說只能擺著看，不能吃。不會像現在一樣在中間擺上一整條大鯛魚。」

有關於鹽烤鯛魚何時吃的時機，各家各戶有所不同。就結論來說，大家都取自己方便的做法行事。而像我這樣不再準備鯛魚的人，也好像愈來愈多了，曾有年輕夫妻用不太在乎的表情說道：「為什麼非得在桌上，擺一條鯛魚跟我大眼瞪小眼呢？」自古的習俗如此，到了今日所代表的意涵漸漸褪色。雖然在做法上逐漸式微，但是如果在心裡不把它當作一回事，難免令人感到有些寂寥吧。

鯛魚的魚骨，據說以前會在去稻禾神社參拜時，一起帶到稻荷山中埋掉。如果沒有要到稻荷山，也可以埋在自家院子的角落，不管怎麼埋，就是絕對不能隨便丟掉。這樣的做法對於現在住在都市裡的人來說，已經變得愈來愈不可能了，新年也隨著時代有了改變。

平山

蛤蜊（はまぐり）

不知道什麼原因，正月的菜色經常會準備蛤蜊清湯。或許因為它也是一道在節慶時會吃的菜色吧。元旦這天的午飯，會有小豆飯（紅豆飯）、醋漬紅白蘿蔔、鹽漬鰤魚的烤物，還有蛤蜊清湯。不僅是元旦，準備給到訪客人的餐點中，蛤蜊清湯也會跟著白飯最後一起上桌。

將兩個蛤蜊相互敲敲，如果發出響亮的聲音，那就是品質好的，將其與昆布一起煮至水滾。一份湯裡面放兩個蛤蜊，以人數計算所需清湯的分量。

昆布要在水滾前一刻撈出，蛤蜊也會很快地打開。加熱後的蛤蜊冒出白色的泡泡，這些泡泡要細心地撈除乾淨，再加入一點點鹽、一點點薄口醬油，調味成清淡的湯品。千萬別煮過頭了，免得蛤蜊肉變硬，還是要口感柔軟比較好吃。

將煮好的蛤蜊以十字交疊，將十字下方的蛤蜊肉取下，放在上方的殼裡（也就是說，置於上的蛤蜊其左右兩片殼裡都有蛤蜊肉），擺好之後放入清湯。喝的時候，可以滴入一滴加熱過的清酒，讓味道更好。

酒蒸蛤蜊，比做成清湯的味道更加濃郁。挑選大的蛤蜊，一人一個。將蛤蜊洗乾淨之後，為了不讓蛤蜊在加熱時打開，會以刀子伸入殼中，切斷裡面的貝柱——如果煮的過程中，蛤蜊殼打開了，酒蒸的味道就會變得混濁。將處理好的蛤蜊整齊地擺放在鍋中，加酒進去煮。酒的分量約為四個大的蛤蜊配上五勺酒（一勺為十八毫升），煮好後將蛤蜊取出，一拿出鍋時表面的殼會馬上乾掉，這樣就是好了。放入蓋碗中，鍋中剩餘的酒以出汁稍微稀釋一下，擠上幾滴薑汁。

蛤蜊的眾多吃法中，最歡樂的非用烤的莫屬了。放在烤網上烤到冒泡，等到堅硬的殼「啵～」一聲打開，就烤好了。小心不要被燙到，用湯匙舀起烤好的蛤蜊，這樣湯汁才不會溢出來，一波接著一波烤著蛤蜊，真是家人歡聚的時光。

以前的蛤蜊是以裝酒瓶的稻草提袋裝，看起來就像一個小米包一樣。最近幾年也轉成以秤重計量販賣，顯得有些無趣了。買回家的蛤蜊自太陽下山起，靜靜地放在昏暗涼冷的地方。

大村

水菜雜煮（水菜のおぞうに）

正月四日這一天為「鏡開日」。會將裝飾用的鏡餅撤下，用來煮年糕湯。有些地區的鏡開日是十一日，不過我從民俗學老師那邊學到，京都自古以來的鏡開日就是四日。將切分好的年糕烤至膨脹，僅加入壬生菜，搭配清湯做成年糕湯。

壬生菜是京都特產的蔬菜，也叫「京菜」。起初是因為栽種在以壬生狂言聞名的「壬生寺」一帶的蔬菜而得名，不過現在，連寺廟周邊都成了街道，所以壬生菜都栽種在非常南邊的上鳥羽地區了。這種葉子整體纖細，葉緣前端有點圓的蔬菜，我們都叫做水菜。不過真正的水菜，葉緣是鋸齒狀的，口感清脆，而壬生菜的口感卻是比較細緻的。

年糕湯用的清湯，以濃郁的昆布出汁做為湯底。在湯裡放入切成一寸左右的水菜，施以薄鹽、薄口醬油、市售調味料，最後放入烤好的年糕。如果煮過頭，水菜會蔫掉，但也不能煮得半生不熟，總之口感要保持爽脆才好吃。

與吃了三天過節用的白味噌底煮的年糕湯，這一天的年糕湯帶著烤過的香氣，清爽的口感讓人覺得欣喜。終於把節日順利過完了，這樣的心情也讓人鬆了一口氣。

四日這一天，尚有許多瑣事。平日常光顧的店家會打電話來，問問有沒有要訂購的東西？我們都一定會訂上一點，在開市這天討個采頭，是重視人情義理的京都人的習慣。寺廟在新年期間誦讚《大般若經》的儀式也告一段落，這天，廟方會帶著禮物到眾施主家進行新年拜訪，四日這一整天當中，諸事繁多非常忙碌。

說起來，這天也是開始回歸正常生活的日子，新年三日期間所使用的器具，可以用熱水燙過之後，擦乾收拾妥當；重盒中殘餘的根菜雜煮等菜色，會移到別的器皿中，重盒也洗乾淨收起來。將一年只用一次的各種道具細心收拾妥善之際，方才意識到已經是新的一年了。這一年是否也能一如既往和平依舊？而新年用的柳木筷會放到松之內＊期間過完，水菜年糕湯，是一種以日常食器歡度新年的輕鬆菜色。

大村

＊**松之內**：意指新年期間，日本各地結束時間略有差異，京都普遍爲一月十五日。

七草粥（七種がゆ）

正月七日要吃的是「七草粥」。水芹（せり）、薺菜（なずな）、鼠麴草（ごぎょう）、繁縷（はこべら）、寶蓋草（ほとけのざ）、蕪菁（すずな）、蘿蔔（すずしろ），此為「七草」。這七樣有些知道是什麼，而有些卻不太清楚。收集了七種野草、蔬菜煮成粥的習慣，據說在很久以前就有了。我們現在的做法是，將以水煮軟的年糕放入漆碗中，再加入熱熱的七草粥一起吃。為了讓蔬菜的顏色好看，蔬菜類是在上菜前才撒在粥裡的。清淡的鹽味，非常有早春嫩綠的氣氛，實在是令人歡喜的習俗。

前一日先在蔬果店買好食材，在《枕草子》一書中也曾提到在六日這天，孩子們會沿街叫賣這幾種過節的材料。每年我能買到的大概只有四種，水芹與不知名的野草以稻草捆在一起賣。以前會有大嬸從鴨東或山科地區過來中京區一帶叫賣。六日吃過晚飯，收拾好廚房之後，會一邊唱著〈七草歌〉（七草の囃子）一邊備料切碎。將七草置於砧板上，一隻手握著菜刀，另一隻手拿著研磨木棒、火箸、勺子等，邊唱邊切菜。

歌詞的內容大概是～

唐土的鳥　與日本的鳥　飛不過的彼端　七草　薺菜……
（唐土の鳥か日本の鳥が　渡らぬ先に　七草　なずな……）

這首歌有點長，正確的歌詞我也不太清楚……以前中京區的廚房，是家中比較冷的地方，聽到從中庭院子裡開始傳來，咚咚咚切菜的聲音，簡直讓人背脊發涼。在這麼冷的廚房，一聽到鄰家開始唱歌，媽媽就會慌張說：

「隔壁開始了。快點，我們也要動作快一點。」

我也到了留意起「自己的祖母只有在每次切七草時才會唱歌」的年紀，這樣的風俗雖說是媽媽傳給女兒、婆婆傳給媳婦，口口相傳的事，但是能夠守護著代代持續的人卻愈來愈少。每年都會準備七草粥的我，卻也已經不會在六日的晚上進行唱歌的儀式。雖是如此，偶爾我也還是會隨口哼上兩句：

「唐土的鳥～與日本的鳥～」

平山

笄餅（こうがいもち）

到了十日左右，附近的茶道老師們就會進行「初釜茶會」（はつがま）。「不學習茶道可不行」，是京都女孩們自古就有的想法，一到了適當的年紀就會開始學習。初釜茶會亦有一年之始的含意。平日習慣穿著洋服的女孩們，這一天也會慎重地穿著漂亮的和服，繫上厚重的腰帶，腳下穿著純白的足袋，那景象特別有意思。一口氣變得特別像個女兒家，或許是因為穿戴隆重的緣故吧。

進入茶室之後，裡面的陳設也與平日不同。打了結的細長柳條，插在房柱上的花瓶裡，散發出獨特的香氣；煮水的鐵釜神清氣爽地發出聲音，水溫也漸漸上升。

在遵循老師平日的教導，說了聲：「吾，敬領菓子。」將點心拿到自己準備的懷紙上，那點心就是笄餅。

對折起來的柔軟餅皮中，包著味噌口味的白豆餡，從兩端露出頭來的是一根甜甜的牛蒡。從餅皮到內餡，連牛蒡都是入口即化的柔軟口感。

據說這個菓子的形狀，就像插在日本髮髻用的髮簪「笄」一樣，故而得名。這種說法是在庶民之間流傳的，而據說最早應該是在宮廷中，正月時會以紅白的菱形年糕包著白味噌與牛蒡一起吃，所以叫做「菱葩餅」（菱花びらもち）；現在，和菓子店裡則是多為白色餅皮，裡面包著淡紅色的內餡，亦被叫做「花瓣餅」（花びらもち）。從餅皮透出內餡那若隱若現的淡淡紅色，其素淨淡雅的美，也帶動了時下的流行。

就算與茶道無關，亦有正月會準備笄餅的人家。新年期間有訪客到來，就可以搭配薄抹茶享用。這樣的搭配，會讓人有種「啊～～真不愧是賓至如歸」的感動。僅是一個小點心，就會讓人感謝主人的待客之道。

新年是一個讓女人變美的期間，平日毫不起眼、低調勤奮地操持著日常的女子們，也有閃閃發光的時刻。細想那些昔日梳著日本髮髻的女子們更是如此，在新的一年之始，一絲不苟地梳整著今年初次的髮髻，慎重簪上髮簪……。突然想像起這些無名女子們美麗的樣貌，想必因為現在是新年的緣故吧。

平山

綁著紅白彩繩的鯛魚（糸かけのたい）

位於京都的寺廟與神社不知凡幾，稍微走兩步就會遇到寺廟，往旁邊的巷弄一拐，又可以碰到神社的鳥居。聳立道路盡頭的龐然大物，應是知恩院的屋頂，遠方清水寺的三重塔就像是水墨畫＊一般佇立其間。就連行走在街道上，也能不經意地與僧侶擦身而過。

在京都，與寺廟相關的商家也不在少數，錦織店、佛具店、佛珠店、服裝店、香墨筆花……云云，印象中連印刷籤紙的店家都有的樣子。新年參拜（初詣）的人潮，會占卜今年的運勢，

＊清水寺的三重塔建於平安時代（西元八四七年），千數年間幾經修繕，現在廣爲觀光客所知的是顯目的赤紅色。在一九八四年修繕前有一度是暗沉木造建築的顏色，現今老一輩的人的記憶裡，應爲暗沉的木色。作者撰文應早於一九八四年，故文中會形容像水墨畫一樣。

爭相抽籤問卜。神社與寺廟用來綁籤紙的樹枝上，在新年期間就好似開滿了白花一般，滿滿一片綁著白色的籤紙。

京都的女子大多虔誠，不僅如此，這些虔誠表現在日常的飲食中，更讓人覺得有滋味。

一月十日要祭拜惠比壽神。鯛魚是惠比壽神喜歡的東西。一直到現在，古老的商號也還有供奉著惠比壽神、祈求生意興隆的習慣。

我自己家中，會在九日這一天將木雕的惠比壽神，從神龕上請下來安放好，掛上惠比壽神與大黑天神的畫像，十日這天以綁著線的鯛魚祭拜。

惠比壽神本來就是從海中出現的神明，漁民們信仰惠比壽神，祈禱祂會帶來大量的漁獲。而將二十多公分、神氣無比的海味王者——鯛魚——以紅白色的棉線綁出形狀，姿態就像是在清波粼粼中破浪而出一般。

鯛魚的棉線得從背鰭第一根骨頭開始綁，綁妥之後，棉線繞至後方嘴巴穿出來，接下來繞住胸鰭捆上兩三次，讓胸鰭可以變得立體，然後將棉線往後鉤住尾巴，將尾巴往上拉緊；再將繩子繞回胸鰭處，鉤住腹鰭；最後回到嘴巴固綁妥固定。這樣的綁法，可以讓鯛魚的尾鰭神氣地張開，背鰭也顯得精神有力，看起來英姿煥發。供奉在小小木雕惠比壽神前，這張開又大又圓眼睛、看起來有點嚴肅的小鯛魚，讓人看了不覺莞爾。

就算是新年的三日間，每天都是晴朗的好天氣，只要一過了十日，天空變灰濛濛地下起了小雪，開始正式進入冷到谷底的日子了。

綁著紅白彩繩的鯛魚，完成了祭神的使命後，會跟蕪菁、烤豆腐一起烹煮，最後進到我們的肚子裡。如此說來，這也算是新的一年，惠比壽神給我們帶來的第一個福報吧。

秋山

紅豆粥（あずきがゆ）

紅豆粥（あずきがゆ）——用這樣的叫法有點太正式。在我們家都叫它小豆稀飯（あずのおかい）。

一般而言，一月十五日的早晨會吃小豆稀飯，近來似乎也有許多家庭是到了午餐時間才吃的。

做法是先煮白粥，紅豆另外煮，等到配菜都弄好了，最後在白粥裡放一點紅豆，稍微燜熱一下。先在漆碗中放上小塊的年糕，再舀進一大碗熱騰騰的紅豆粥。

這是我最喜歡的稀飯之一。我們家本來就很喜歡吃粥，有時候會加地瓜或拌入一點青菜，這是只有冬天才能享受的樂趣。有時，我們也會開玩笑說：「我們家可以開始來賣粥了！」雖說如此，且材料僅有白米與水，但想把粥煮好並不是一件簡單的事。

加入足量的水，用雪平鍋＊或是琺瑯鍋，以微微的火力慢慢地煮，中途絕對不能再添涼水或攪拌它。紅豆充分洗乾淨，放入鍋中從冷水開始煮。這個時候如果將竹皮的邊緣撕下兩公分左右寬，打個結先放進鍋子一起煮——說來有趣——這可以縮短烹煮紅豆的時間；也曾有人教我，在紅豆煮到沸騰冒泡時，適當地加入涼水兩三次，也可以煮出漂亮的紅豆。煮的時候要隨時留意紅豆的狀態，煮到豆子快要爆開前，就以笊籬撈起。

我想那是因為紅豆粥與小豆飯（紅豆飯）不同，並不需要煮成紅色，而是在白粥裡散落著點綴其間的紅豆。這樣的做法應是我們的先祖對於節日常

＊現行的雪平鍋，多指鋁製單柄的鍋子，此書中的所有雪平鍋是指單柄的厚土鍋。

見的繽紛配色，有著獨到且風雅的色彩感所致。

小豆稀飯不會用到煮紅豆的湯汁，在做這道菜時，不論是哪家哪戶，都會多煮一點紅豆，剩下的就做成紅豆湯。家中的孩子、女兒們都會一口同聲地說：「紅豆湯比較好～」

孩提時只要吃到這小豆稀飯，就忍不住難過——這個新年就要過完了。十五日這一天，神龕上、廁所的新年裝飾都要撤下，所有新年使用的道具，紛紛以熱水燙過，收拾整齊。

鍋子裡的紅豆咕嘟咕嘟地煮著，想著身邊的親朋好友、想著今年沒寄賀年卡來的那位……想著想著，這冷清的夜晚，竟也溫柔了起來。

秋山

鰤魚骨（ぶりの骨）

正月十五這一天，是「松之內」結束的日子，接下來生活就回歸一如既往的平淡，而二十日這一天被稱為「骨正月」。這天會使用鰤魚（ぶり）的魚骨或是鮭魚頭，做成粕汁，或是與白蘿蔔一起煮。骨正月這樣的習俗我是清楚的，所以應該也不是什麼很古早的事，不過對於現在的年輕人來說，似乎是個新鮮事。說起骨正月，他們臉上似乎寫著「這是哪一國奇風妙俗」的表情，讓人覺得不知道該說什麼才好。

往昔不如今日，有完善的冷藏設備，所以正月期間需要大量購入的鰤魚、鮭魚等，大都會買鹽漬的。翻開歲時記，其中記載，「鰤魚會隨著成長而易名，小時候叫做『つばす』，長至一定的長度後叫做『はまち』（魬），也因為這樣的特性，被稱為『出世魚』。人們傾慕其義，故好此魚。」此外，鮭魚為了保存，會先以鹽醃漬，烤過之後鹽分會濃縮於表面，變成一種非常鹹的鹹魚。這些魚到了二十日左右，肉都被吃光了，只剩下骨頭，鰤魚的魚骨會以熱水澆淋去腥，與白蘿蔔一起煮；鮭魚頭則以魚刀剖開後，再切薄一點，放入粕汁中。這些材料不管怎麼料理，魚腥味都很重，小孩子是不會喜歡吃的，不過如果不吃的話，也沒有其他東西可以吃就是了。

京都的房子會有一側直接貫穿、通往後方的院子，而廚房就會設置在這邊。那兒不會做天花板，直接可以看見巨大的屋梁結構，在上方開一個天窗，光線就會從天窗照進來。這種一根腸子通到底的建造，使得廚房的通風非常好，但相對的，在非常寒冷的京都冬天，廚房也會非常冷。冷歸冷，東西就不容易壞，到了冬天，京都的廚房簡直就是極佳的天然冷藏庫。

我時常懷念位於中京區娘家的廚房。在昏暗光線下，家中女眷們給大灶添柴煮飯的背影，用繩子垂掛在廚房的鹽漬鰤魚、鮭魚等食材。這些乾貨隨著時間逝去，分量愈變愈少，到最後只剩下一個魚頭，廚房的三和土地在處理完這些東西後，殘留的腥味久久不散，少女時代的我打從心裡討厭那氣味。

然而到了如今，不論是少女時代的自己，亦或者有媽媽在的中京區娘家，都讓我無比懷念……。

平山

柚庵漬（ゆうあんづけ）＊

鯧魚（まながつお，正式名稱為翎鯧），是比起比目魚感覺更悠哉的魚類。長得像是菱餅的形狀，頭小小厚厚的，像是曼波魚的小弟似的。在京都，我們都叫牠「鯧」（まな對應的字應為「真」）。

在每天早上擦拭出入門紅格柵，冷到指頭都快裂開，還不時飄著雪的一、二月之際，這種魚最好吃了。牠的味道清淡、肉質濕潤，比起直接吃，以味噌或者柚庵風味醃漬，就是懷石中很受歡迎的菜色。

＊**柚庵漬**：比較常見的寫法是「ゆうあんやき」，中譯可寫成幽庵燒、祐庵燒、柚庵燒等，據說為江戶時代茶人北村祐庵（字幽安）所提出。而在一八〇三年指標性的料理書《新撰庖丁梯》中亦有記載，主要內容以味醂做為調味料，醃漬燒烤，但其書中並未提到此菜色是北村祐庵的提案。關於由來與對應的漢字，現

做這道菜時，要先將帶著暗暗光澤的銀色魚鱗清乾淨，之後去骨取魚清切片。尺寸較小的魚，單面魚身片成四片，如果比較大的就片成六片。

將濃口醬油與半量的味醂混合之後，擠一些柚子汁進去，醃漬五、六個小時，就是「柚庵漬」。想要顏色深一點的可以加溜醬油；想味道純粹一點的可以加酒。分別都加上一點點，調整成自己喜歡的口味；或把柚子切成薄片一起醃漬也不錯。

柚庵漬不僅可以用在鯧魚，鰆魚（馬鮫）、鯛魚、馬頭魚都可以這樣做，年輕人時尚一點的菜色做法，有用來醃漬魷魚、豬肉等，也很好吃。

順便也將味噌漬的做法筆記一下。先到味噌店裡買味噌漬用的粗粒味噌，以味醂稀釋至可以滴落的稠度。切片的鯧魚，施以薄鹽醃漬半日，擦拭乾淨後放入味噌中醃漬，熟成三日便是享用時機。

今有諸多說法，一般來說醃漬時加入柚子的，習慣上寫作「柚庵」，而以原始做法、無添加柚子的版本則會寫作「幽庵」。

新年的菜色，也差不多到了該吃膩的時候。

在準備午飯時，就先把晚餐要吃的魚片醃好。以小心不要烤焦的小小火力來烤，雖然很費事，但是如果上菜時搭配一點切成菊花造型的醋漬蕪菁，就是可以用來待客的正式料理了。

在瓦斯爐專用的烤魚網上，將魚放在邊緣內折的烤魚器上，再放一片平的網子在上頭，這樣任誰都可以簡單烤出格狀烤紋。

與其說京都人喜歡味道清淡的魚，倒不如說，京都人性格中傾向冷淡或許更為貼切。

日常中不論悲喜，京都人都不喜過於浮誇的感情流露，看似如同這般寒冷的天氣，但是其實很有人情味的，猶如柚庵漬，小心翼翼地讓味道不要過於張揚，保持清爽的滋味才是真正好。

秋山

栂尾煮（栂尾炊き）

僅以接近甜點使用分量的砂糖調味，做成甜甜的煮地瓜泥。使用地瓜做成這道栂尾煮，是在夏季快結束的時候，長得細長的紅皮地瓜剛上市，也有人家以此作物做為盂蘭盆節的供品。不過還是等到盛產的秋天，甚至到冬天，地瓜會更香甜好吃。

媽媽曾經跟我說，「栂尾煮這個名字聽起來很厲害的樣子，其實不過就是煮地瓜而已。」做女兒的我一直到最近都深信不疑。「栂尾」是京都北方的賞楓名所，煮地瓜以此處命名，果然是很有京都的派頭——而真正的做法，是將地瓜以桂剝刀法（桂剝き）＊去皮處理至小指

＊**桂剝刀法**：將食材處理成帶狀薄片的刀工技法。

頭大小的尺寸，不僅要小心保持地瓜的形狀，而且還要煮到湯汁中有澱粉那樣濃稠。可以達到這些條件，料理人需有獨當一面的技術，一般人光是聽到做法，要學起來是十分不容易。

松之內的諸事結束後，我們這些女人也終於有了空閒，總算可以邀請那些平日多以電話聯絡的朋友們，到家裡聚一聚，叫點外賣壽司、聊聊天。想著除了湯以外，還要多做一道什麼菜色搭配，不如就試試看這道梅尾煮吧。曾聽過一種說法，地瓜是女人最喜歡的東西之一——真的跟那句話一樣——地瓜、章魚、南瓜、看戲、蒟蒻，把女人喜歡的東西說了一遍，地瓜果真名列第一呢。（編按：可參考本書〈蒟蒻〉一文，頁一二五）

用桂剝刀法處理地瓜是這道菜的正式做法，不過對我等一般人就稍微寬容些吧。我的做法是先厚厚地削去外皮（靠近皮的那層地瓜肉雜質較多，如果不削掉，很容易在煮的時候導致變色），把地瓜切成小指頭般大小的條狀，將直角削圓，泡水一個晚上除去雜質。處理好的地瓜放入鍋中，加入差不多蓋過地瓜的水、大量的砂糖，與一小撮鹽巴，在煮滾之前用大火，稍微搖晃鍋子幫助砂糖融化，滾了之後將火調小，慢慢將地瓜煮熟。煮至地瓜感覺變透明、湯汁也變少，加入味醂後，稍微搖晃鍋子，並用大火收汁。要注意的是，搖晃鍋子切勿太粗魯，以免地瓜碎掉。當湯汁中有自然煮落的地瓜泥，整體變得濃稠時，就可以熄火。靜置放涼。

栂尾煮這個名字，仔細想想，還真是有點特別呢。

平山

南蠻雜煮（なんばもち）

「清冽」這一詞，我想該不會是為了形容京都冬季裡，所有流動的狀態而產生的詞彙吧。鴨川明鏡般堅硬的水面無聲地流動著，再往上走一點，源自遠處丹波山邊吹落的風，強勢地四處橫掃……北風是如此冷冽、如此寒涼。

就算是在這種時候，在經過大橋時，還是習慣性地挺直腰桿，忍著徹骨寒風抬頭仰望遠方的比叡山。一定是因為在這樣的氣候下成長，才能長成骨子裡如此堅毅的京都女子吧。而被白雪覆蓋的山巔，依然堅定地堂堂聳立在遠方。

而我總是在望著眼前景色時，想到上村松園先生的畫作，想到井上八千代老師的舞姿＊。不論何者，都是以一種強勢的姿態獨立而絕世。冬季時的京都，不僅僅是寒冷而已，因此無論是修行或是練習都無比艱難。

而可以溫暖如此深夜的，僅有一碗南蠻雜煮吧。

清湯裡有蔥與年糕的組合便是南蠻雜煮。就在開始覺得年糕湯實在也是吃膩了的時候，無謂地想著「再做一點點就好了」，結果還是覺得很好吃……湯裡面的蔥，就像是冷凍後再解凍一般柔軟，煮過之後又膨又甜。將這蔥切成一寸長短，前端的蔥綠切不切掉都隨意；年糕事先烤過會更香。

以昆布、鰹節做出一碗好的湯底，蔥煮好，加入一點鹽巴、一點薄口醬油，再加點市售調味料（譬如味精）調味，放入年糕，稍微煮滾。湯裡面可以加點山椒粉，隨煮隨吃。要留意的是，蔥不要煮太久，還夾點生的時候就

＊**上村松園、井上八千代**：兩位都是京都出身的女子藝術家，前者是美人圖的知名畫家，後者是日本舞舞蹈家的襲名（意思就是不是只一個人，這個名字在此流派中一代傳一代）。

可以了。

進入冬季之後，三味線或義太夫（ぎだゆう）也會開始「寒稽古」*，各地也會舉辦寒行。法華寺的寒行，會在太鼓的擊打聲中唱誦著「南無妙法蓮華、南無妙法蓮華」，在深夜的都大路上步行經過，天寒地凍的，連孩子們都聲音高昂地一起參加。

「天氣這麼冷、真是辛苦了呢。」

在喃喃自語中，吃著南蠻雜煮。奶奶說，水溫這麼低，年糕是不會發霉的，說完之後搗著冷冷的年糕。在一整個冬天裡吃上無數次的，就是這道南蠻雜煮了。

大村

* **寒稽古**：傳統日本技藝有老師帶領的練習與學習叫做稽古。寒稽古是在冬季舉行，通常是在早上，以鍛鍊體魄心智爲主要目的。

醃蘿蔔煮物（ひねこうこ）

把醃得皺巴巴的陳年醃蘿蔔（古漬けたくあん），撈出來、切成薄片並做成煮物，京都人把這個叫做「醃菜的煮物」。

前些日子，邀請來自東京的朋友吃一點。對方說：「啊～這個就……謝謝了……」只吃了一口就閉上嘴巴了。

帶著一種特殊的氣味，跟蘿蔔乾又有點不同；味道有點好吃，但也可以說是沒什麼味道，這種奇特的風味，不可思議地很對京都人的胃口。

雪下不來，卻冷到骨子裡的冬夜裡，聽著屋外的腳步聲，窩在自己家裡喝點小酒，這樣的事，亦有人說是一種在地京都男的幸福。

我猜，一定也有不少人覺得，把這種根本就是黏在漬物桶底部，讓人覺得除了丟掉以外不知道還能做什麼的東西拿來煮，這樣的行為簡直就是京都人小氣的最佳證明吧。

但是我們自小就被教育：「這可是一個好東西啊。」

將直接吃就很好吃的白蘿蔔拿來做成漬物，是最奢侈的美味；能夠準備超量，讓一家人就算是每天吃，都還有餘裕剩下，也是一種生活裡的幸福。「把醃蘿蔔直接褪鹽後，加點醬油，花點心思做變化，把它做成美味的煮物，如果不把這些當作一種奢侈的話……」以上應該是吾輩某曾曾祖母曾經說教的要點。這麼說來，這道菜應該也可以叫做奢侈的「大名煮」。

在人這一生，日日都可以隨心地吃上三餐，是一件何等幸福的事呀。我想是自古以來便有的智慧，這點決計是不會有錯的。

好了！將這個陳年醃蘿蔔，工整地切成薄片，泡進水裡，放在廚房的角落褪去鹽巴。不厭其煩一次又一次仔細地換水。

然後，加上一點小魚乾、去了籽的辣椒乾，以料酒、薄口醬油，大量的出汁慢慢燉煮，煮到湯汁收乾為止。

煮好的醃蘿蔔，要放涼至凍掉牙齒的那種溫度最好吃。有點像又不太像現在的罐頭食品，這是種難以言喻的煮物。

雖說是奇妙的存在，但是對於吃過好東西的中年人來說，肯定是會讓他們讚不絕口的一道菜——果然是奢侈的京都之味啊。

秋山

乾蘿蔔絲（千切り）

將白蘿蔔切成細絲，日曬後做成乾貨，聽說是在白雪覆蓋大地之際，沒有青菜可以吃的天寒地凍中想出來的保存食做法。

從秋天到早春是帶著一點點綠色、形狀纖細的乾蘿蔔絲；到了春色正盛之際，則是黃色、縮得乾乾的，夏天就沒有乾蘿蔔絲了。

從比叡山而至的風吹得玻璃窗嘎嘎作響，屋簷下的麻雀就像是要被風吹落一般的漫天飛舞，這是京都的大寒時節。不知道這壞心眼的天氣，會不會凍傷了麻雀纖細的小腳。

在這種特別冷的日子裡，要用厚厚的土鍋煮乾蘿蔔絲。

先將乾蘿蔔絲稍微洗淨，去除雜質後，暫時用一大盆水泡發它；等到它吸飽了水變得柔軟漲大，就可以隨意切成適當大小，用泡著它的水慢慢地煮。

白蘿蔔本身就帶著甜味，這些曬過太陽的乾蘿蔔絲、蘿蔔乾，風味更是濃郁回甘。以泡發它的水炊煮，煮著煮著就自帶天然的甜味，連調味的砂糖都不太需要放。

加上小魚乾一起煮，就是地道的家常菜色。昆布與鰹節取完清湯用的一番出汁之後，繼續用來取二番出汁，用此二番出汁來做這道菜，味道也很好。還可以加上一點切得細細的豆皮、白豆（大豆）一起煮，不管加什麼都以薄口醬油調味，調成清淡的口味。

距離春天還有一些時日，表面凍結成薄冰的小河邊，也失去了孩子們的蹤影，但是在蔬果店的攤子上，已經有了捆成一束、香氣十足的水芹身影。

胡麻醬拌乾蘿蔔絲與水芹也很好吃。乾蘿蔔絲泡發之後，與稍稍燙過的水芹一起拌上白芝麻。就在最近，因為寒冬而了無生氣的菜田，也開始蓋上了膨膨一片綠色地毯般的水芹，這就是春天到來的景色吧。京都因為豐臣秀吉的緣故，在城市的邊緣築起了土牆，據說最一開始就是用這土牆頹圮後的土來栽種水芹。

野草的芬芳，伴隨著乾蘿蔔絲清新爽脆的口感……雖然說不論城郊都仍是一片深冬景色，在這靜待春來的廚房裡，隨著灶台上咕嘟咕嘟慢煮的乾蘿蔔絲，我的心情也跟著咕嘟咕嘟雀躍了起來。

秋山

魚汁凍（にこごり）

鍋子裡，昨晚煮魚剩下的煮汁凝固了。醬油色中透著一點暗暗的光澤，滑溜滑溜、濕潤濕潤的，滑不溜手的感覺。

小沙丁魚的魚汁凍，味道特別濃郁；鰈魚或比目魚的煮汁凝固能力特別好，味道清淡雅致；用魷魚做的話，味道則很重。不管是什麼魚的煮汁，在京都這種特別冷的冬天廚房裡擺上一晚，煮魚時殘留在鍋中的小魚刺、小肉碎都會凝固起來。

魚汁凍不是那種可以上得了台面的菜色，不過煮魚時的煮汁我總是捨不得丟。也不是說特別喜歡這種冷掉之後會凝固的魚汁凍，甚至不是什麼特別好吃的菜，但是只要端上桌，任誰都會動動筷子，不知不覺就吃完了。

突然想起，小時候上學前吃早飯，魚汁凍融化在冒著白煙、熱騰騰白飯上的畫面。京都人不會一大早就開始吃魚，但是魚汁凍卻不會讓人覺得腥。原本熱熱的白飯，被醬油香十足的汁液浸潤後變涼了，三兩下就扒進嘴裡。想到這真是令人覺得難為情，不過對我來說，卻是微小的幸福回憶。

說著說著，突然想起往事。廚房三和土地與起居室間，就算有做門，平時也不會關上，角落有個取暖用的練炭爐。早飯時那炭爐才剛點，爐子邊緣還很凍人，不小心碰著了，「哇！好冰！」每次吃早飯，就覺得好冷好冷啊。

現在我們家的起居室有暖氣，不論身心都變得慵懶了。且比起吃魚，家裡的孩子們更愛吃肉，但是偶爾晚上有煮魚的時候，我就會把煮汁放在流理台旁邊，心裡想著，隔天一早，就有魚汁凍可以吃了。

平山

◉ **節分** ———鹽漬沙丁魚的烤物、湯浸兒菜（祝い菜）、麥飯與山藥泥。也有人把兒菜加白味噌做成湯。

◉ **初午** ———吃過黃芥末拌畑菜後，到伏見稻荷神社參拜。

◉ **十五日** ———涅槃會。孩子們會因為可以分到「佛祖的鼻屎」而開心。在三月十五日這天舉行涅槃會的寺廟比較多。

鹽漬沙丁魚（塩いわし）

「節分」*這一天的晚上會吃鹽漬沙丁魚。一整尾豐腴多脂、不到二十公分的沙丁魚，這時候還很鹹；印象中小時候的自己連兩條都吃不完。近年來，冷凍技術精良，再也沒吃過那樣鹹的鹽漬沙丁魚了。

節分有吃沙丁魚的習俗，是因為烤沙丁魚時那個味道很臭，臭到鬼怪、疾病、千災萬厄都會遠遠地躲開。雖然是沒有根據的傳言，但我非常喜歡古人這種可愛的想法，每年的這天都一定會乖乖烤沙丁魚。隨著脂肪滴落炭火時發出的嗶嗶波波聲音，火焰一下升高，煙霧在廚房瀰漫四起，整間屋子都

*節分：原本是指季節的分界，即立春、立夏、立秋、立冬的前一日。後專指立春前一天。

充滿了烤沙丁魚的味道，久久不散。連我們自己都很想奪門而出。

這一晚的菜色還有蒸壽司。長輩如果不在了，白味噌的年糕湯便不會再出現在餐桌上。另外會做一道胡麻醬拌青菜，在戰前還有專程在這一天煮麥飯來吃的習慣。

吃完晚飯之後，會由當年本命年的男子，或者是男主人，一邊大聲喊著「福在內，鬼在外」，一邊在家裡面四處撒豆子。把裡裡外外的門都卸下，連暗濛濛的院子也會撒上豆子，並趁著鬼怪還沒進到家中前，趕緊把大門關緊緊。這個夜晚，慌亂的聲音此起彼落，真是熱鬧非凡。如果男主人不在家中，在他返家之前絕對不能撒豆子，因為這會有把主人趕跑的意味。豆子用大豆慢慢炒熟，據說要趁太陽還沒下山之前炒好，所以在準備晚餐前，先在火缽上炒好備用；豆子如果炒過頭會太硬，但是如果沒炒熟，「撒下去的豆子會發芽，招來惡事發生」，所以要很認真專心地面對炒豆子。

這一晚，也是廁所裡會出現廁所神（かいなで）的日子。京都民家的廁所通常在房子的最後面，要先經過長長的走廊才會抵達，是一處又暗又隱密的所在。走廊上只有一盞泛著紅光、昏暗的電燈泡。上廁所不敢關門，手扶著腰顫顫巍巍地如廁，不論是去廁所還是回房間，都是一味狂奔，不想多停留。曾疑神疑鬼地感覺到廁所神從茅坑底下伸出又細長又冰冷的手，摸著自己的屁股，忍不住尖叫奪門而出的經驗……。

這都是很久以前的事了。

平山

黃芥末拌畑菜（畑菜のからしあえ）

「初午」＊吃完黃芥末拌畑菜之後，會去伏見的稻荷神社參拜。這時，奶奶就會說起有關該神社的故事。

據說在很久很久以前，在深草地區有一個叫做秦（はた）的大地主。某一天，這位大富翁把拜神的年糕當作箭靶來射箭，結果年糕長出羽毛，變成一隻白鳥，朝東方的天空飛走了。因為把年糕當作玩具而遭受天遣，大富翁自此之後就愈來愈窮。某天，大富翁終於意識到自己犯下的錯誤，懊悔地朝向白鳥飛往的山爬去，看到了那個地方長出稻子，於是就在那兒建了寺廟，祭祀神明。後來，大富翁又變得和以前一樣富有了。根據紀錄，該神社建於

＊初午：二月第一個午日。

元明天皇和銅四年（西元七一一），祭祀那天剛好是二月的初午日，神社會舉行「初午大祭」。這天我們前往參拜稻荷大神，祈求五穀豐登，生意興隆。

丁稚土偶
稻荷神社的伴手禮
掉在地上可是會破掉的喔～
（でっちでんぼ
稲荷のみやげは
落としたら割れる～）

買伏見人形當作回程的伴手禮，其中以柚子形狀的土偶最受歡迎。將柚子的形狀做成蓋物，打開蓋子裡面有金平糖或炸米果，小心翼翼不要掉在地上，一路緊緊抱著回家。所謂的「丁稚」是受大管事差遣的小伙計，所以時常頭上會腫一個包（でんぼ），頭上的腫包是圓圓凸起來的形狀，很像柚子蓋物蓋子中間的突起，所以柚子的蓋物也叫「柚子でんぼ」。因為是陶土做的，掉在地上可是會破掉的。

在這一天要吃畑菜，我猜可能是因為畑菜的「畑」（はた），與傳說中秦姓富翁的「秦」（はた）同音。分量多到吃了會流眼淚的黃芥末（稻荷神社的神使狐狸仙所喜歡的）、搗過的胡麻、薄口、濃口醬油各半，以及燙過的畑菜，全部拌在一起。不管是哪戶人家的廚房，在初午這天都會飄出炒胡麻的香氣跟黃芥末嗆辣的味道，真是充滿活力啊。

如果那年的初午比節分還要早到來，據說火災會特別多，愛宕神社祭祀主管火災的神明，便會四處張貼「今年恐為火災頻發之年，請大家要十分注意小心為好」的告示。

大村

地瓜粥（おいものおかい）

有句諺語是這樣說的：

三條室町聽起來像是極樂窩
其實是地獄藏住粥飯的長暖簾
（三条室町聞いて極楽居て地獄
お粥かくしの長のうれん）

意思是，位於中京區的大盤商號，門面雖有相應的豪氣，頗具規模且看起來光鮮，但是如果實際上問問員工，就會知道這份工確實不好做。首先早餐吃粥這件事，就讓正處食慾旺盛期的小伙計，每天總是餓著肚子。為了要藏短，家醜不可外揚，就在門面做了長長的暖簾遮住。

而料亭裡賣的早粥膳，只合老饕的口味，普羅大眾是沒有緣分的，因為那可是奢侈的東西，都是些大老爺們的吃食。

我們就吃我們該吃的東西吧。在屋簷結著霜柱的早晨，讓人想吃上一碗暖呼呼的地瓜粥。在禪宗的寺廟裡，早飯叫做「粥座」（しゆくざ），修行人吃的是米粒稀寡到湯水可以倒映人臉的粥，這也是修行的一環。有個趣聞是說，修行者在碗裡看到了自己眼珠子的倒影，開玩笑地說「這可是黑豆喔」。並不是說要學修行人早上吃粥，而是在寒冷的早上，來碗粥可以讓身體暖和起來。

將掏好的米放入雪平鍋中，加入大量的水，煮粥要用小小微微的火。等到水沸騰之後，再將切成骰子狀的地瓜放進鍋中，以鹽調味。盡量不要去攪拌鍋子，若用勺子過度攪拌，粥會變得黏糊糊的。

將米糠陳漬的水菜切得碎碎的，擠上一點薑汁，撒在粥上。地瓜的甜與水菜的鹹搭配得恰到好處。身體愈吃愈暖，心情也跟著開心起來——這就是人生的滋味吧——安靜低調地活著。陳漬，就是醃了很久的漬物。

「呵—喔—、呵—喔—（ホーォー、ホーォー）」，一與六或三與八日，是僧堂的托鉢日。巷子裡傳來僧侶的聲音，有低、有高，抑揚頓挫地吐著白煙。京都人把這些修行者叫做「ホーォー桑」。寒冷的早晨，光著腳穿草鞋，衣衫的下襬也撩起來。「天氣這麼冷，真想請他們喝一杯呀。」在這念想裡，吃的就是地瓜粥。

大村

魦魚煮豆（いさだ豆）

也曾有過那樣的早晨，眼睛一睜開便看到積雪。障子門上的日光反射得特別明亮，便明白外頭積雪了。有時候白天也會下雪，因而看不清楚叡山或愛宕山。但是京都的雪特別柔軟，曬到太陽馬上開始融化，雪水流經屋簷排水管，一整天斷斷續續地發出聲響。

在這樣的日子裡，我們窩在暖桌中做點女紅，此際，各種回憶不經意地湧上心頭。曾聽說某個女孩戀愛、嫁人了，但幾年不見，再度相聚時卻聽女校時代的同學們說，她已成為未亡人。便會想到，雖然我和外子有時會鬥鬥嘴，但能彼此攜扶、安穩地一同老去，也是幸福。

這樣想著念著，安靜的起居室裡放在角落的火缽，發出了咕嘟咕嘟煮豆子的聲音……嗯！那就來做點魦魚煮豆吧。

魦魚（いさだ）是僅產於琵琶湖的冬季魚種。隨著霜降雪落逐漸成長的魚，現在這個季節大概有四到五公分。此魚頭的比例較大，看起來一副愛睏的模樣，很是微妙慵懶。剛捕獲時顏色較近黑色，但是送到了河魚店、被我們買到手上時，已經變成帶著白中帶點淡紅的樣子了。魦魚長得雖然不怎麼樣，但是味道極好，很受京都人的喜愛。特別適合與大豆一起煮，魦魚的滋味豐富了大豆，變得十分美味。

大豆浸泡一晚，隔日將飽吸水分、漲大的豆子以大量的水煮軟。用火缽的火、取暖用的練炭爐或是暖爐的火，這類能保持恆常火力的熱源都十分適合。豆子煮到可以用拇指與食指捏碎的程度後，將魦魚平均鋪在上方。當加了魦魚而降溫的鍋子再度沸騰時，加入醬油與砂糖、料酒調味，調味後就不宜再煮太久，以免豆子變乾；以這樣的狀態離火，直接靜置放涼。放了魦魚後就不要再翻動鍋子了，因為魦魚是一種肉質柔軟的魚，過度攪弄鍋子容易讓魚肉支離破碎。一次多做一點，每次要吃就取一些出來。

在這種最冷的時節裡，這是一道冷了之後反而更好吃的菜色。

平山

蕪菁蒸什菜（かぶらむし）

過了四十歲之後，讓我愛不釋手的一道菜是——蕪菁蒸什菜。

從蔬果店買了像孩子腦袋一樣大的聖護院蕪菁，回家路上雖然覺得冷得難受，但也覺得可以生長在京都真好。

一到冬天就有冬季的蔬菜，一年中隨著季節輪番上市的蔬菜非常精采。或許是因為京都的水特別軟，不僅女人，連蕪菁都是膚色潔白，質地細緻。所謂的聖護院，是現在京都大學一帶的地名，現在只剩下大廈、民房，菜田什麼的已經不復存在。據說以前在這一帶栽種的蕪菁，特別柔軟，體型碩大又特別好吃。京都的名漬物「千枚漬」，就是將蕪菁以刨刀刨成超薄的薄片，搭配昆布醃漬而成。種子來自滋賀縣，所以也有人囉唆地說是「近江蕪菁」。

用蒸茶碗蒸的茶碗盛裝蕪菁蒸什菜，盡量選又大又深的，如伊萬里的錦手般華美的器皿，可以與這道清淡的菜色相得益彰。

和蕪菁一起準備的材料，可以用烤穴子魚（星鰻）、百合根、銀杏、艾草麩，或者以海鹽稍微醃過的馬頭魚等；如果是一般家裡吃的，僅使用魚板也可以。百合根、銀杏稍微燙熟，生的魚肉或雞肉則事先以熱水汆燙備用。

厚厚地削去蕪菁的外皮並磨成泥，以濾布略略擰除水分後放入大碗，加上一小撮鹽、一個蛋白攪拌均勻。為了增加黏性，除了使用白味噌之外，亦可使用道明寺*的方法。

蒸碗中先放入準備好的各色材料，與磨成泥的蕪菁混合好，整形成供佛用年糕（おけそくさん）兩倍大小的分量（一個大約為直徑六·五公分），放在碗中間，稍微壓一下，不需要蓋上蓋

---

*道明寺：以糯米製成小顆粒狀的和菓子材料。

子便可直接蒸。

另外準備昆布與柴魚的出汁，調味稍微比湯品濃郁些，煮滾後加入以水調稀的本葛勾芡，做成美味的芡汁。

在蒸好的蕪菁什菜上，淋上多一點芡汁，建議最上面放一點山葵泥。趁燙口溫度時邊攪拌邊享用，實在是京都冬季特有的快樂。

秋山

花供御（はなくそもち）

「飯乾」（干し飯）指的是每日洗煮飯鍋時，沾在鍋子上的那些米粒，以笊籬瀝乾，日曬收集起來的東西。如果讓這些米粒隨著流水丟掉，太浪費了，是會遭天譴的。飯乾非常乾硬，每日收集起來，不知不覺積沙成塔，將飯乾炒過後以糖漿定型，做成給孩子們吃的零嘴。

而「花供御」就是以飯乾為主要材料，與黑豆一起放在焙爐中炒，做成五釐米大小的米果，最後裹上糖漿，通常在佛祖涅槃日這天製作。糖漿的做法是將醬油與大量的砂糖放在鍋子裡煮滾，然後在糖漿滾了之後，放入炒過的飯乾，以木勺子快速攪拌、裹上糖漿。

二月十五日是佛祖涅槃日，也就是釋迦牟尼佛往生的日子。小時候我參加佛教的週日學校，記得當時的涅槃會是三月十五日舉行，差了整整一個月。這天我們會搬演「涅槃劇」。街坊最頑皮活潑的孩子，因為身高比別人高，每次都被選上飾演釋迦牟尼佛的角色——要在舞台正中央保持臥睡的姿勢，但他總是沒兩下就亂動，一直挨老師的罵；我的角色是頭戴繪有牛或羊的畫紙，在釋迦牟尼佛的身邊雙手合十。我已經不太記得涅槃劇到底是在演什麼了，但是這天會得到用和紙包的花供御，以茲獎勵。每次打開白色的包裝紙，總是搞得又黏又髒，真是糟糕。師母會對我們說：「這可是佛祖大人的鼻屎喔！」＊而我總會認真看著黑豆心裡想：「釋迦大人的鼻屎這麼大嗎？」然後用手捏著吃黏踢踢的「鼻屎」，甜中帶鹹的滋味，最後連手指頭都不放過地舔了一舔。

＊**花供御、鼻屎仙貝**：日文中發音皆爲はなくそもち，兩者翻譯名稱也都是對的，前者優雅的名字多被使用在商品名稱上，而後者則爲民間流通說法。

最近突然聊起了這件往事，大家要求我做這個「鼻屎」。飯乾不是說有就有的東西，但是為此特地煮飯來做也不太對，真是有點困擾呀。現在早已不是會利用飯乾做點什麼的年代，而我家也沒有設佛龕，真的是把這些事忘得一乾二淨……而這個一直被我叫做佛祖鼻屎的小點心，到最近才知道原來有個正經的名字，叫做「花供御」。

平山

鱈魚清湯（たらのおし）

魚字旁，加上一個雪字，寫為「鱈」（たら）。雪之魚，是冬季的魚。

太平洋側自東北地區以北可以捕獲日本的鱈魚；日本海側則是山陰地區以北。寒冷的北海中，有著成群的鱈魚。

風雪在海面落下，海浪的顏色有時靛青有時灰，冬天的海狂爆地發出轟轟的海鳴聲，遠遠地從岸邊傳進村子裡……這樣狂爆的冬季海相，我雖然一次也沒見過，但是這樣的海，對於鱈魚來說，卻是再平靜不過的一個夜晚；只要一想到這裡，心中就忍不住對有著哲學家下巴鬍鬚的鱈魚肅然起敬。

鱈魚藍皮白肉，肉質脆弱，油脂不豐，但上等的鱈魚卻能與馬頭魚相提並論。

新鮮的鱈魚，可以做成刺身，亦可做成煮物、火鍋、炸魚排等，用途廣泛；鹹鱈魚可以送至遠方，曬到質地堅硬，做成棒鱈魚，泡發之後，一整年都可以用。

魚店裡的人說：「湯豆腐裡面加點鱈魚，再拿些春菊搭配，很好吃喔。」對呢，鱈魚清湯真是最適合冬天京都的菜色了。

將施以薄鹽的鱈魚，加上名為「薄雪」的昆布一起煮——應該是寫作「薄雪」沒錯，很像薯蕷昆布（とろろこんぶ），不過更細一些，吃起來沙沙的——如果不是專賣店的話，最近據說已經沒多少人在做這個昆布了。雖也可以用一般白色的薯蕷昆布替代，不過「雪之魚與薄雪」這樣的搭配，以後若再沒有薄雪可用的話，會是一種遺憾的美吧。

將鹹鱈魚切成筒狀或者是隨意切塊，滾水先煮一下，一邊撈除浮末、黏液，等到魚肉變白後小心撈起。

以昆布與鰹節取清湯用的清淡出汁，滴上一點醬油，放入方才煮過的鱈魚塊。要稍微注意鱈魚的肉會不會過鹹。將煮好的鱈魚放入漆碗中，加入一小把薄雪，再從上方將熱熱的湯汁淋入，即成。

走到屋外要收拾在晾衣桿上被遺忘的衣物時，也不知道是不是心理作用，總覺得春天的月光，打濕了低處相連如波的屋頂。北國海中的明月，應該是更藍更藍的顏色吧。

秋山

觸感滑順緊實的蕪菁，頂部帶著茶色的葉莖，切成適當的厚度——咬下之後，可以留下牙印的程度——並盡可能把葉莖切碎，是我學習處理這食材的方式。這樣絕妙的做法究竟是誰想出來的呢？那的確是最好吃的做法。這種漬物有著一口咬下牙齒都能感受到的沁涼，風味奇酸無比，難以墨筆形容。

酸莖（すぐき）

酸莖是在洛北深泥池（みぞろがいけ）、上賀茂一帶產出的一種蕪菁。因為煮熟後一點也不好吃，酸莖的命運往往是被做成漬物。我就住在深泥池一帶，戰爭中拔到的酸莖會直接煮來吃，所以我明白它的滋味。試做成漬物才會發現，這質地如此緊實、風味純粹的東西，竟然會在加熱之後變得如此糊爛，毫無口感可言。

在秋季終了時醃漬酸莖。屋簷下一字排開漬物用的木桶上方，有著尾端吊著重石的長木棍，那獨特的風景是霜降時節的風物詩。在我小時候，酸莖曾經是初春漬物。在初冬時醃漬的發酵會產生自然酸味，收成約在三月左右；不過近年都會放在發酵室，加溫製作，所以在新年前就可以吃到。靠天發酵的叫做「自然發酵」（じこう）。如果是自然發酵的，我也可以在家自製。

前幾年，流行一種會在蕪菁身上長瘤的傳染病，當時我就很擔心酸莖不知道會不會因此絕種？「這樣好吃的漬物，如果再也吃不到了該怎麼辦？」不過後來在專家的努力下，現在的酸莖長得比以前更好。

寒冷的早晨，在廚房裡聽到來自深泥池大嬸叫賣的聲音：「太太啊～要不要來點酸莖呢？」

這個大嬸其實與我同年，她的雙親也曾來此叫賣。酸莖是高價的漬物，但是像她這樣身上綁著圍裙、手上套著袖套，將高價的酸莖送到跟前叫賣，我無論如何是非買不可的。這可不是藉口，是來自內心的小小聲音：「酸莖是一種非常特別的漬物呢。」

平山

白豆（しろまめ）

「懂得精打細算的人家，買豆子時不會吝嗇買貴的。買差的豆子到時候還得一個個挑，這樣挑，袖口都磨平了。」

在京都，我們把曬乾的普通大豆叫做「白豆」（しろまめ）；長得又大又飽滿的，也會叫做「鶴之子」（つるの子）。要做成飯菜時的大豆，就會買鶴之子。

這是一道冬季菜色，將切成小方塊的昆布、圓片的金時胡蘿蔔，加上白豆有耐心地慢慢煮成，雖然十分尋常，卻有媽媽的味道。

想要把這道菜做好，首先要選擇好的昆布。選顏色黝黑、帶有光澤、肉厚的「利礼」出汁用昆布為佳。據說這種昆布產於北海道的利尻島、禮（礼）文島沿岸，烹煮時會自然釋出特有的黏液與風味，且形狀不易改變。

大豆洗乾淨，前晚以大量的水浸泡，隔天一早直接點火烹煮——這裡雖說是點火，不過不是用瓦斯爐煮，是以練炭爐煮豆子，用發出咕嘟、咕嘟那樣小小聲音的火力烹煮之。鍋子要選又厚又大的比較好，煮著煮著如果水溢出鍋子就完蛋了，可以在鍋子上面架雙筷子，避免溢鍋。

我的祖母最喜歡這個豆子了，所以家裡常做。突然想起祖母守在鍋子邊修補衣物，密密麻麻縫補著足帶指尖處破洞的小小身影。

大豆煮軟後，放入昆布與胡蘿蔔繼續煮，等到它們吸水膨脹之後調味，加入砂糖、薄口醬油以及一點點酒，煮到湯汁收乾，最後再酌量調整一下味道。起初以極少的分量調味，隨著鍋中大量的湯汁逐漸收乾，分兩三次將味道調濃，就可以把這道菜做好。

除此之外，這道菜還可以加點烏賊腳、蒟蒻丁、蓮藕或耐煮的蔬菜等等，看起來會變得豐富美味。還有無論如何，在黑色的昆布小片還沒煮到黏糊之前，絕對不要去翻動鍋子。

比起剛做好熱熱地吃，放到隔天一早，整鍋都像是要結凍時，豆子會更入味、更美味。這樣一來，老人家也會吃得更開心。

秋山

寒鯽（寒ぶな）

對於不靠海的京都來說，淡水魚很是受重視。其中，鯽魚在冬季更是特別好吃，被稱為「寒鯽」，不過就算不寒了，四月左右開始抱卵的鯽魚也是很好吃。

小鯽魚體長約十公分，價格平實，牠生命力很強，撈上岸之後還可以活很久。在河魚店買到活鯽魚來做菜，煮完賣相好，滋味也格外美味。

只不過，烹調的過程有點可憐，放在烤網上的鯽魚，一點火就開始亂動，用筷子一邊押著牠一邊烤，烤到表面稍微有點焦的程度，便將鯽魚放入鍋中，以小小的火，蓋上落蓋，用大量的水慢慢燉一個鐘頭左右，煮到水剩一點點時，捨去煮魚的水。喜歡保留淡水魚泥味的人，直接把煮魚水留在鍋裡，加入料酒、砂糖、醬油調味，繼續煮十四、五分鐘。熄火後、冷卻前，靜置勿動。魚肉魚骨十分柔軟，所以在煮牠的時候不要翻動鍋子。由於烹煮時間很長，可以在鍋底墊上一紙竹皮，或者放入小的笊籬，避免燒焦黏鍋。

這種寒鯽可以做成各種料理。體型較大的去骨片成魚清，拔除小骨切細、撒上其卵做成魚卵拌鯽魚（子まぶし）。以黃芥味嗆辣的醋味噌調味，就是一道很好吃的涼拌生魚。

大條的鯽魚用昆布層層捲起，花上一天半日煮成昆布卷，也是很好的一道菜。或是像鯋魚煮豆一般，將大豆與鯽魚一起做成鯽魚煮豆。雖然不論哪一道菜都需要花上許多時間，但是如果在得空時，慢慢地煮起來存放，之後要吃就會很方便了。

以大鯽魚做成的昆布卷，不是我這種外行人可以輕易做成的，但是如果是先將小鯽魚烤過，用適當尺寸的昆布捲起來，放入鍋中慢慢燉煮，也有絲毫不遜色的美味。要留意的是，一開始不要把味道調太濃，因為長時間煮製下，湯汁的味道會變濃郁。

常言道，被周圍群山環繞的京都，寒冷的空氣都囤在中心底部。冷到骨子裡的天氣還會持續一陣子，在這種時節，鯽魚最好吃了。

平山

鯨魚皮與壬生菜（いりがらと壬生菜）

立春一過，山邊水際的顏色開始日日有了變化，日光也一天天地益發和煦。此際已是開始收拾起冬季墨色的時候了。突然間，春天就像是要從地底鑽出來似的，款冬（蜂斗菜）在雪地裡冒出青綠色的頭，過些時候筆頭菜（つくし）也會露出小臉了吧。但是低溫仍持續著，在這種夜裡——把握時間——將即將過季的冬季旬蔬，加點鯨魚皮再煮過一次，暖暖身子吧。

一到三月，壬生菜就變老了，粗胖的菜梗前端長了黃色粒狀的小花，這時候的壬生菜吃起來帶點辛辣，有點像黃芥末，喜歡這種風味的人會把它做成漬物之類的；不過如果是要吃新鮮的，果然還是二月底前跟鯨魚皮渣搭在一起煮，才真是好極了。

朋友到錦市場看到鯨魚皮渣，問老闆「這是啥」，老闆說，是鯨魚皮榨完油之後剩下的部分，生長在海邊的人聽了，一臉嫌棄地說：「吃的東西真奇怪呢～」鯨魚皮（いりがら）也叫做「ころ」。

鯨魚皮分為「輪皮」跟「板皮」，輪皮是比較上等的材料。因為乾燥得非常徹底，所以需要兩面用大火稍微炙烤一下，淋過熱水去除浮油，切成一分大小（約〇．三三公分）。鯨魚皮其實就是一整塊油脂，就算是經過上述處理，還是挺油的，想吃得更清淡一點的人，可以泡水並每天換水，等到泡軟了後再切。

取一土鍋，放入昆布與鰹節的出汁，加入處理過的鯨魚皮與壬生菜稍微煮一下，以砂糖、少量薄口醬油調味，最後放一點點料酒，不僅味道會更好，香氣也會更足。但請不要煮太久，不論是壬生菜或鯨魚皮，都保留點口感才好吃。

吃完這道菜，今年的壬生菜季節也算劃下句點。此時，聖護院蕪菁的纖維也開始變粗，接下來冬季的旬蔬，將會一點一點地從市場上失去蹤影。不過，如果不等到奈良的春季汲水儀式（奈良のお水取り）＊結束，氣溫還是一點也不會變暖哪。

大村

＊奈良東大寺每年於三月十三日凌晨舉行，會至廟境中二月堂的閼伽井屋（水井）汲水，是一個預告春至的儀式。

粕汁（かすじる）

自比叡山吹落的冷風，變成粉雪翩然而至，大寒時節吾家的餐桌上，那冒著白煙的粕汁使人快樂，是一家人齊聚一堂，和樂融融地邊聊著一天發生的事，邊享用的歡樂食物。吃完之後，不僅身體，連心裡都暖和了起來，令人一動也不想動。不可思議的是，比起愛喝酒的人，似乎不喝酒的人或女人家，反而更喜歡這道菜。

伏見區位於京都的南邊，是日本有名的造酒地區。最嚴峻的寒冬中，裏日本地區農村的男人們拚盡全力在酒藏（さかぐら）裡勤奮地釀著酒。

一直到大正時期前後，只要新酒粕一上市，自家釀酒的店鋪，就會在屋簷下掛上以竹葉做成直徑約七十公分的球，告訴大家這個消息。

將紅白蘿蔔切成細細的長條狀煮軟，酒粕弄散之後加到裡面，油豆皮也切一切放進去，非常簡單的湯品，不愧是酒造直售的板酒粕*，香味真的不一般。煮一碗粕汁，新酒的香氣從廚房擴散到四處，這真是住在釀酒地區京都的福利呀。

做這道菜，鹽巴少許即可，醬油也不要加太多，並絕對不要一熱再熱。湯頭不論是用小魚乾，或是昆布鰹節都好。如果將鹽漬的鰤魚或鮭魚頭、魚雜，放進湯裡，那更是濃郁，別有番滋味。不過若要放這些魚類，需先以熱水汆燙去腥，且不要放太多，才不會喧賓奪主，混淆了味道。

板酒粕如果很硬，可以稍微弄碎後，略略泡一下出汁，用臼杵輕輕搗碎，便很容易在湯裡化開了。

***板酒粕**：榨完酒之後直接從榨取機中掉下來，一整塊狀的酒粕。

近年來，隨著機械化的進步，造酒的方法似乎也有所改變，在我小時候，每次路過酒造，都會聽見裡面傳來輕快的釀酒歌聲。屋子裡的光像條帶子似的，從高處小小的窗戶向外流淌，細白的雪只下在有光的地方。那歌聲尾音迴盪在街頭，久久不散，讓人有種蒼涼的感覺，連我這個小孩的心裡都感到一股無奈。

剛煮好的粕汁，多裝一點到紅色的漆碗裡，抓一把切得碎碎的水芹，水芹的綠浮在湯上，顯得格外新鮮，水靈靈的模樣彷彿預告著水暖春來，春天也將不遠了。

秋山

解說：折衷交纏之「心」◎石井慎二（作家，筆名いしいしんじ）

「好久不見啊～打擾了！」

中午前，家裡臨時來了客人。妻子思索片刻，隨即打電話到長年往來的外賣店。

過沒多久，店家提著裝有餐點的木盒，從廚房邊上的後門探頭進來，打了招呼之後，妻子自餐具櫃中拿出合適的碗盤。都是當季的菜色，將田樂賀茂茄子裝進缽中，鱧魚刺身以玻璃盤子裝盛，醋味噌拌魚生也用小缽裝起，一道接著一道地擺盤弄好。準備餐點，忙進忙出。送走外賣的人後，妻子說，這麼突然，只能準備這些東西，不知道客人會不會覺得滿意，語罷便將午餐布置整齊。

這樣的做法不能算是外食，也不是自炊，而是介於兩者之間的「汀」（みぎわ），折衷之道，搖擺在兩者之間絕妙平衡的飲食文化。

「汀」的折衷之道，不僅體現在外賣上，京都還有一處屬中間領域的地方，巧妙地運用了這個折衷之道。出了玄關之後的「路地」（ろおじ），不能算是屋外，是住在附近所有人的共享空間。那裡是交換家裡多做的吃食、各種手伴的場所，也是照看孩子時會承接來自鄰人的目光之處；站著閒聊時，左鄰右舍的身後有賣蔬菜、賣茶的大嬸那笑容可掬的叫賣聲……。

剛搬到京都不久之後，某間老店的老闆娘對我說：「石井先生，真的是很靈光的人呢。我在一旁看著，愈來愈知道如何開啟京都的門，真是愈來愈深入、愈來愈深入哪。」嗯，我想了一下後反問：「真的是這樣嗎？那京都真的有所謂『錯誤的門』嗎？」

「那當然是有的啊～」

「如果開錯了會發生什麼事？」

只見她不懷好意地笑說：「一旦開錯了門，就會走到東寺啊、清水寺啊，那些京都海報上都會有的地方啊～然後你自以為這就是所謂的京都，轉身離去。」

京都常被說是一個門檻很高的地方。我自己身為一個住民，從來沒有類似這樣的感覺。說到底，京都的精髓是一個能把「彼」與「此」的分際，掌握絕妙的平衡之所在。

會說門檻很高的人，我想應該是因為將可見的、理所當然的那些視為「表」。有「表」便亦有「裏」，這對京都人來說是再尋常也不過的常識；相反的，並不是說在掌心中的，便為「裏」，就算是掌心，也可以朝「外」打開。

本書中，每個人各自的呢喃細語，輕輕在字裡行間擴散開來，就像是散壽司多彩四散的料一般，也像是在這片土地上芳醇的語言一般。

「邊吃邊煮是白魚鍋最好的吃法，大家圍在鍋子邊，各自用小湯勺舀進自己的碗裡。最後撒上鴨兒芹那一刻，特別有春天到了的感覺。」（見《京都家滋味：春夏廚房歲時記》〈白魚鍋〉，頁六十七）

「跟梅乾有關的鄉野傳說也不在少數。『某某要過世的那一年，梅子竟然發霉了呢！』」（見《京都家滋味：春夏廚房歲時記》〈梅乾〉，頁一六二）

「不論是正月或是女兒節，舉凡有點什麼事的時候，一定都會附上出汁蛋卷。真是淡淡的好滋味。……出汁蛋卷是用心捲出來的，要心無旁騖、專心才能做好。」（見《京都家滋味：秋冬廚房歲時記》〈出汁蛋卷〉，頁七十五）

這些都不是已經消逝的陳年舊事，而是折衷於過去與現代之間的「當下」。每一個當下都將不斷地被更新，所以當我翻著書，每每出現「番菜」（おばんざい）這一詞時，我都感到優雅的新意。

「中京區的街道上，下起了銀色的雨，我與媽媽相視對坐，一起縫製著單衣。屋外，梅雨悄無聲息、綿密無盡地下著。醬油煮著昆布的香氣，充滿了整間屋裡，抹去了所有氣味。」（見《京都家滋味：春夏廚房歲時記》〈佃煮昆布〉，頁一五四）

記憶，是一種眼睛無法見到的存在，也不僅是個人心中所私藏的隱密。以「心」述說的記憶，讓文字中描述的場景——充滿著昆布與醬油香氣的屋子——變成共有的「折衷」，在讀者面前浮現，彷彿初夏的風景，也彷彿是悠揚而至的樂聲。

那語言一點不老，也不是方言，就像每個人的聲音都不同，慣用的詞句也有所不同，才會如此生動有趣。無論是呼吸、身體、出生的家庭，或我們所存在的時代，都會反映在這個人的話語裡，在說話的同時，我們也述說著自己。

放進嘴巴裡的是食物，從嘴巴跑出來的是話語，有出有進，再自然不過的循環；衣食住、聲音、光線、氣味，各有各的述說，各有各的感受，也就各有各的滋味了。

就像舉起筷子，一碟嚐過一碟般，一頁又翻過一頁這套書，京都街景的記憶、風景、聲音，底片般浮現眼前：茶泡飯的熱氣騰騰，母親手拿針線的動作，夜裡山上赤色的火焰……我屏息凝神地讀著。在閱讀的過程中，一步一步地融入書中的時光與場所——眼前的「當下」遠遠地持續延伸，那年號、地名也漸漸失去意義。

而總有一天，讀者會明白，不是為了要吃而活著，也不是為了活著而吃。雖然這兩者都是正確的相同之事，但我們的身體被置於一個誕生與死亡之間的「折衷」，僅是一個易碎的容器。

名為身體，那麼微不足道的容器，乘載著被寫成「心」的這個字；而我們每一個人，都調製著屬於各自且無法被取代的家之滋味。

以春夏篇中的〈引千切〉為起，秋冬篇中的〈粕汁〉為迄，書中詳實記載京都一年的生活，但這不是結束，結束的理由與必要性都不存在。我們可以再一次回到〈引千切〉的篇章，在春光中展開新的一年；又或者，再讀一遍冬季的〈蕪菁蒸什菜〉，試著再讓秋天的〈松茸〉篇的香氣撲鼻而來。

京都，年復一年，一次又一次地在特定的日子吃特定的菜色；在特定的那一頁，寫著特定的一句話，永遠不嫌膩。「表」與「裏」相互碰撞，折衷交纏之「心」，那是生命不曾間斷的替換與更新，隨時都是嶄新的身體。

京都家滋味：秋冬廚房歲時記

看世界的方法237

おばんざい 秋と冬：京の台所歲時記

作者——秋山十三子、大村重子、平山千鶴
譯者——許邦妮
攝影——許邦妮（2-3,8,11,12,13,14-15,16上下）、林煜幃（1,4-5,6,7）

封面設計——兒日設計
內頁設計——吳佳璘
責任編輯——施彥如

出版——有鹿文化事業有限公司｜台北市大安區信義路三段106號10樓之4
T. 02-2700-8388｜F. 02-2700-8178｜www.uniqueroute.com
M. service@uniqueroute.com

製版印刷——沐春行銷創意有限公司

總經銷——紅螞蟻圖書有限公司｜台北市內湖區舊宗路二段121巷19號
T. 02-2795-3656｜F. 02-2795-4100｜www.e-redant.com

ISBN——978-626-7262-30-6
初版——2023年11月
定價——380元

本書所收錄之照片為台灣版獨創照片，非原書照片。

京都家滋味：秋冬廚房歲時記 / 秋山十三子、大村重子、平山千鶴．著 許邦妮．譯 —初版．— 臺北市：有鹿文化 2023.11．面；（看世界的方法；237）譯自：おばんざい：京の台所歲時記 秋と冬
ISBN 978-626-7262-30-6 1. 食譜 2. 日本京都市 427.131..........................112010509

OBANZAI AKI TO FUYU KYO NO DAIDOKORO SAIJIKI

by Tomiko Akiyama, Shige Omura, Chizu Hirayama

Original Japanese edition published by KAWADE SHOBO SHINSHA Ltd. Publishers.

This Complex Chinese edition is published by arrangement with

KAWADE SHOBO SHINSHA Ltd. Publishers, Tokyo in care of Tuttle-Mori Agency,

Inc., Tokyo, through LEE's Literary Agency, Taipei.